Carbon Emission Accounting and
Collaborative Emission Reduction in
Petroleum Refining Process

石油炼制过程碳排放核算及协同减排

刘业业

著

化学工业出版社

·北京·

内容简介

本书从工业过程角度系统介绍了企业层面及行业层面碳排放核算方法，分析了企业及行业碳排放特征及影响因素，并构建了基于工业过程的碳排放统计框架，评价了各工业过程环境影响，提出了环境效应协同控制下的石油炼制工业双碳目标实现路径，主要包括石油炼制企业层面精准化过程碳排放核算体系研究、行业层面碳排放核算体系及年际变化分析、石油炼制工业过程碳排放数据统计体系、基于工业过程的石油炼制 LCA 研究和环境协同视角下碳减排路径等内容。

本书具有较强的针对性和应用性，可供从事节能减排、碳核算与碳减排、环境影响评价等的科研人员和管理人员参考，也可供高等学校环境科学与工程、石油化工、经济管理及相关专业师生参阅。

图书在版编目（CIP）数据

石油炼制过程碳排放核算及协同减排/刘业业
著. —北京：化学工业出版社，2023.6
ISBN 978-7-122-43556-9

Ⅰ.①石… Ⅱ.①刘… Ⅲ.①石油炼制-二氧
化碳-排气-研究 Ⅳ.①TE62②X511

中国国家版本馆 CIP 数据核字（2023）第 095519 号

责任编辑：刘 婧 刘兴春
责任校对：李露洁
装帧设计：刘丽华

出版发行：化学工业出版社
　　　　　（北京市东城区青年湖南街 13 号 邮政编码 100011）
印　　装：北京盛通数码印刷有限公司
710mm×1000mm 1/16 印张10 彩插2 字数164千字
2023 年 8 月北京第 1 版第 1 次印刷

购书咨询：010-64518888
售后服务：010-64518899
网　　址：http://www.cip.com.cn
凡购买本书，如有缺损质量问题，本社销售中心负责调换。

定　　价：86.00 元　　　　　　　　　　版权所有　违者必究

前　言

气候变化、生态环境破坏已成为全球关注的话题。我国面临着严峻的国内环境保护形势，并承担着国际社会上承诺的减排目标压力。石油炼制行业是我国国民经济发展和能源供应的基础产业，同时也是高耗能、高污染、高排放行业。在我国积极应对气候变化、努力推进污染减排的背景下，石油炼制行业已成为国家关注的重点领域。石化行业于 2017 年被纳入第一阶段的全国碳排放权交易市场，油品质量要求及污染物排放标准日趋严格。在此形势下，精准掌握企业碳排放水平、充分了解环境影响关键环节以制定切实可行的减排方案显得尤为重要。

本书针对目前石油炼制行业碳排放核算体系不够精准、无法核算无组织源碳排放、不能从根源上解析环境影响关键环节的问题，对石油炼制工业过程层面的碳排放碳核算及环境影响评价开展了研究，并分析了该行业可能的碳达峰、碳中和途径，从全生命周期角度评估了该路径的环境协同效应，为该行业精细化管理及绿色低碳转型提供技术支撑。相比已出版的碳排放核算方法及路径等相关著作，本书专注于石油炼制行业，更是具体到工业过程层面，聚焦于碳排放等环境相关内容。另外，本书注重实际操作，提供了详细的核算方法及步骤，并列有案例应用，可为行业人员快速掌握碳排放核算方法提供参考。

本书共 7 章，按照绪论、碳排放核算方法及应用（企业及行业层面）、碳排放统计体系、环境协同效应分析、碳减排路径、结论与展望展开，各个章节围绕着碳排放这一核心主题，也可自成一个专题，布局紧凑合理、内容深入浅出。主要内容包括：

① 建立企业层面精准化过程碳排放核算体系，弥补了目前碳排放体系核算结果不够精准、无法核算无组织源碳排放的问题。

② 从工业过程角度提出行业层面石油炼制碳排放核算方法，可弥补现有基于排放类别核算结果应用范围的局限性；对 2000～2017 年石油炼制行业碳排放特征及影响因素进行了定性及定量分析，揭示了行业碳减排存在的问题，识别了行业碳减排重点。

③ 创新性地构建了基于工业过程的企业及行业层面碳排放数据统计框架，丰富和完善了石油炼制行业碳排放数据统计理论和方法。

④ 采用生命周期评价方法，从工业过程层面对典型石油炼制企业的环境影响进行了量化评价，弥补了基于具体石油产品开展生命周期环境影响评价结果不能全面反映石油炼制整体环境影响现状、不能从源头解析关键影响环节的不足。

⑤ 从生命周期角度，提出行业碳减排措施及路径，并分析评估了该路径的环境协同效应，为行业减污降碳协同推进的政策制定提供数据支撑。

本书由山东师范大学及山东省重点研发项目（项目编号：2022RKY02007）资助，可供高等学校与科研机构中从事节能减排、环境影响评价及碳排放等的科研人员和管理人员参考，也适合相关政府部门工作人员及关注气候变化问题的广大读者参阅，也可供石油炼制领域的专业人员、教学科研人员用作绿色低碳相关题目的参考书，并可为企业、相关咨询机构开展石油炼制行业碳排放核算提供指导。

限于著者水平及撰写时间，书中不足与疏漏之处在所难免，敬请读者批评指正。

刘业业

2022 年 11 月

目 录

第1章　绪论　/001

  1.1　碳与气候变化　/002

    1.1.1　碳与温室气体　/002

    1.1.2　气候变化特征及影响　/003

    1.1.3　碳达峰与碳中和　/005

  1.2　研究背景　/006

    1.2.1　国家碳排放管控现状　/006

    1.2.2　石油炼制行业发展现状　/009

    1.2.3　碳排放核算研究意义　/015

  1.3　石油炼制碳排放核算研究进展　/016

    1.3.1　碳排放源识别归类　/017

    1.3.2　碳排放核算方法　/019

    1.3.3　碳排放核算研究进展　/020

  1.4　石油炼制碳排放核算研究不足　/021

  1.5　本书主要研究内容　/022

第2章　企业层面精准化过程碳排放核算体系　/024

  2.1　研究范围　/025

    2.1.1　产业结构　/025

    2.1.2　企业类型　/027

    2.1.3　工业过程　/027

  2.2　工业过程碳排放源识别及归类　/029

    2.2.1　排放源识别　/029

    2.2.2　排放源归类　/032

  2.3　精准化过程碳排放核算方法　/034

    2.3.1　燃料燃烧源　/035

    2.3.2　工艺尾气源　/036

2.3.3 逸散排放源 / 038

2.3.4 废物处理源 / 042

2.3.5 间接排放源 / 044

2.3.6 方法分析 / 044

2.4 案例应用 / 046

2.4.1 案例介绍 / 046

2.4.2 数据收集 / 046

2.4.3 核算结果 / 053

2.4.4 对比分析 / 056

第3章 行业层面碳排放核算及年际变化分析 / 062

3.1 碳排放核算方法 / 063

3.1.1 基于工业过程核算方法 / 063

3.1.2 基于排放类别核算方法 / 065

3.1.3 核算方法优劣势分析 / 066

3.2 行业碳排放数据收集 / 066

3.2.1 燃料燃烧源 / 067

3.2.2 工艺尾气源 / 068

3.2.3 逸散排放源 / 069

3.2.4 电力热力源 / 071

3.2.5 行业工业增加值 / 072

3.3 行业年际变化动态分析 / 073

3.3.1 核算结果 / 073

3.3.2 结果分析 / 074

3.3.3 不确定性分析 / 077

3.4 影响因素贡献分析 / 078

3.4.1 方法原理 / 078

3.4.2 结果分析 / 079

3.5 基于工业过程的行业核算方法案例 / 082

第4章 石油炼制工业过程碳排放数据统计体系 / 083

4.1 碳排放统计体系现状 / 084

4.2　企业层面碳排放数据统计 / 087

4.3　行业层面碳排放数据统计 / 087

4.4　案例示范 / 088

4.4.1　石油炼制企业碳排放统计表格 / 088

4.4.2　石油炼制行业碳排放统计表格 / 092

第5章　基于工业过程的石油炼制企业生命周期环境影响评价 / 093

5.1　生命周期评价概述 / 094

5.1.1　生命周期评价的产生 / 094

5.1.2　生命周期评价的定义 / 094

5.1.3　生命周期评价的步骤 / 095

5.1.4　生命周期评价研究进展 / 097

5.2　案例介绍及清单分析 / 099

5.2.1　评价范围及目的 / 100

5.2.2　清单分析 / 102

5.3　构建评价方法 / 104

5.3.1　评价指标及方法 / 104

5.3.2　单位综合环境影响 / 105

5.4　评价结果 / 106

5.4.1　主要影响类别分析 / 106

5.4.2　重点贡献环节识别 / 107

5.4.3　关键贡献物质分析 / 111

5.4.4　综合环境影响评价 / 112

5.4.5　敏感性分析 / 113

5.5　不确定性分析 / 114

第6章　石油炼制行业碳减排路径及其协同效应 / 115

6.1　碳减排政策与措施 / 116

6.1.1　碳减排政策 / 116

6.1.2　碳减排措施 / 121

6.2　行业碳减排潜力 / 127

        6.2.1　原油加工量　/128

        6.2.2　绿氢应用　/128

        6.2.3　装置结构　/130

        6.2.4　能源结构　/130

        6.2.5　末端治理　/131

    6.3　行业碳达峰碳中和路径　/133

    6.4　环境协同效应分析　/134

第7章　主要结论与行业低碳展望　/135

    7.1　主要结论　/136

    7.2　行业发展趋势及低碳展望　/138

        7.2.1　行业发展趋势　/138

        7.2.2　低碳展望　/139

附录　/141

参考文献　/147

第 1 章

绪论

1.1 碳与气候变化

1.1.1 碳与温室气体

碳与温室气体是气候变化研究中最常涉及的词汇。从广泛意义上来说，碳一般可理解为二氧化碳，温室气体（GHGs）大多指《联合国气候变化框架公约京都议定书》（简称《京都议定书》）中规定的二氧化碳（CO_2）、甲烷（CH_4）、氧化亚氮（N_2O）、氢氟碳化合物（HFCs）、全氟碳化合物（PFCs）、六氟化硫（SF_6）。由于二氧化碳是造成温室效应的最主要来源，因此碳也常常被认为是温室气体的代表。《2006 年 IPCC 国家温室气体清单指南》（简称《2006 年 IPCC 指南》）中，对温室气体的专业解释为：大气中自然或人为产生的，能够吸收并发射大气本身、云及地球表面发射的地面辐射光谱中的特定波长辐射的一些气体，如水汽、CO_2、CH_4、O_3、N_2O 等。这些温室气体的浓度或排放量的变化会导致对流层或大气层顶净辐射通量（向上和向下辐射的差，单位 W/m^2）发生变化，从而导致气候变化，产生的辐射通量变化称为辐射强迫。

辐射强迫的来源分为人为源和自然源。根据 IPCC 第五次评估报告，人为源辐射强迫可归因于稳定的温室气体、短寿命周期温室气体及气溶胶。稳定的温室气体在大气中混合均匀，可在较长时间范围内产生持续的环境影响，包括 CO_2、N_2O、CH_4 及卤代烃等。短寿命周期温室气体主要指臭氧，该部分臭氧并非直接排放到大气中，而是由各种前体物发生光化学反应生成的，主要前体物类型有 CO、VOCs（挥发性有机物）、NO_x 等。气溶胶主要来源于矿物粉尘以及 SO_2、BC（黑碳）、OC（有机碳）等前体物。尽管以上前体物目前尚未纳入全球增温潜能值（GWP）加权的温室气体排放总量中，但 CO、VOCs、NO_x、SO_2、BC、OC 等前体物仍列在温室气体清单中。IPCC 气候变化评估报告也对各前体物产生的辐射强迫贡献进行了核算，稳定的温室气体种类由第四次评估报告的 63 种增加到第五次评估报告的 207 种。综上可知，目前人为源排放的主要温室气体包括 CO_2、N_2O、CH_4、卤代烃类等稳定的 GHGs，及 CO、VOCs、NO_x、SO_2、BC、OC 等间接 GHGs。

度量标准用于量化和表述不同物质的排放对气候变化的相对贡献。目前常用的度量标准为全球增温潜能值，即单位质量特定 GHGs 在特定时间段内所造成的辐射强迫相对于 CO_2 的积分值。除 GWP 外，全球温度变化潜能值（GTP）度量标准也日益引起人们的关注。GTP 定义为瞬间或持续释放的单位质量特定 GHGs 在某一选定时间点造成的全球平均地表温度的变化与基准气体 CO_2 导致的变化的比值。GWP 表示的是一个时间段内某气体造成的辐射强迫的积分值，对时间范围内的所有气体给予同等权重。GTP 为特定时间点某气体造成的地表温度变化，仅给出某个选定年份的温度。相对辐射强迫的变化，地表温度变化更易被大众理解与关注。虽然两者的主要物理意义相同，但由于 GWP 采用的是均等时间权重，GTP 为特定时间节点，因此对于近期气候强迫因子而言，GWP 值要高于 GTP 值。考虑到 GTP 概念推出较短，GWP 在目前碳排放政策、研究中应用已较为成熟，IPCC 第五次评估报告分别给出了 207 种稳定的温室气体、CO、VOCs 的 GWP。

1.1.2 气候变化特征及影响

碳排放量或浓度变化导致的净辐射通量变化影响地面或大气层温度，进而导致全球气候变化。全球气候变化不仅深刻影响着全球环境和生态安全，而且还影响着人类社会的生产、消费、生活方式和身体健康等诸多领域。根据现有观测及研究报告，我国大陆地区气候变暖、年降水量上升趋势明显，极端偏暖及气象干旱事件有所增多，气候变化已经并将继续对我国自然环境和社会经济产生重要影响，包括农业、水资源、陆地生态系统、海岸带和沿海生态系统、人群健康。根据《中华人民共和国气候变化第三次国家信息通报》内容，下面对我国气候变化特征及其带来的影响进行梳理总结。

（1）气候变化特征

① 气温方面：近百年来，我国年平均地面气温升高 1.15℃，且具有一定的区域性差异，与全球大陆平均增温趋势接近。随着全球对气候变暖的重视及相关政策措施的陆续推出，我国年均气温近几十年出现气候变暖滞缓现象。

② 降水方面：近半个世纪，我国年降水量呈一定程度的上升趋势，西北地区年降水量显著增多。我国降水量表现出明显的季节性，冬季降水量明显上升，秋季降水量下降，夏季出现南涝北旱现象。

③ 极端气候方面：我国极端气候变化特征与全球基本一致，极端低温事件减少、

极端高温事件显著增加、极端强降水日数增多、极端强降水量增加。

（2）气候变化影响

① 农业方面:气候变化可显著影响农作物种植制度、病虫害的发生发展和危害、农作物生长发展和产量等。气候变化使得农作物生育期的平均温度和日照时长增加，农业热量资源增加，作物种植界限北移，病虫繁殖代数增加、病虫害程度加重。在农作物产量方面气候变化的影响因作物种类及区域而表现不同，对小麦、玉米和双季稻生产存在不利影响，对单季稻生产有正面影响，有利于冷凉地区农业生产，而不利于干旱地区农业生产。

② 水资源方面:江河径流量、积雪及冰川受升温影响明显，洪涝、干旱现象增多。近30年，南方河流径流量变化不大，北方河流均呈现减少趋势。人类活动是北方河流（如黄河、海河、辽河等）径流量减少的主要原因，气候变化因素对黄河、海河和辽河径流减少贡献为40%、15%和18%。20世纪60年代以来，中国约82%的冰川处于退缩及消失状态，以青藏高原边缘山地退缩占比最大，1997年以来退缩速度为每年7~9m。近50年来，暴雨洪水的总体趋势是北方减小、南方和西部增大，但2000年以来，城市洪涝灾害凸显。中国存在一条明显的西南至东北走向的干旱趋势带，1980~2015年期间，平均每两年中国就要发生一次重旱以上的干旱，1980年后发生重旱以上干旱的范围较之前增加了5个省区。

③ 陆地生态系统方面:气候变化产生的影响表现在森林、草原、湿地、湖泊及生物多样性方面。气候变化使得森林系统出现生长日期提前、结束生长日期延迟、适宜生长范围北移等；内蒙古、青藏高原草原生长季延长，北方草原区气候变暖导致牧草产量和载畜量下降；湿地出现面积减少、功能退化现象；西藏色林错湖面临因气候变暖引起的冰川融水增加导致湖面积迅速扩张，近40年（1976~2014年）增幅大约42%，年均增长约18.7km^2；野生动植物分布在人类活动和气候变化的共同影响下发生了不同程度的变化。

④ 海岸带和沿海生态系统方面:近50年，我国沿海海平面呈波动式上升、海温升高、沿海风暴潮发生次数呈下降趋势，沿海海岸带地区海水入侵加剧、海岸侵蚀加重，严重影响入海河口区域的行洪。气候变化带来的以上变化严重影响沿海地区的生态系统，造成土壤结构和理化性质恶化、生态肥力降低、生态系统服务功能下降，热带海域出现了珊瑚白化和死亡现象。

⑤ 人群健康方面：气候变化的极端高温产生的热效应会导致中暑等人类慢性疾病更加频繁、广泛；气候变暖会导致病原性复苏和传播，影响病媒传播疾病媒介和中间宿主时空分布和数量，传染性疾病的风险人口显著增加；另外，气候变化还可能影响海洋环境与地表水的质量，进而影响介水传染病的发生。

1.1.3 碳达峰与碳中和

全球气候变化是目前国际社会普遍关注且需人类社会共同应对的挑战，各国为应对气候变化进行了长期不懈的努力和实践。国际上最早制定的具有法律约束力的气候变化条文为联合国大会于 1992 年 5 月 9 日通过的《联合国气候变化框架公约》（UNFCCC，简称《公约》），中国于当年 11 月批准签署该公约，并于 1994 年 3 月 21 日生效。该公约明确规定，各缔约方应在公平的基础上，根据他们共同但有区别的责任和各自的能力，为人类当代和后代的利益保护气候系统，并认为发达国家应率先采取行动应对气候变化及其不利影响。

《京都议定书》是《公约》的补充条款，于 1997 年 12 月在日本京都根据《联合国气候变化框架公约》通过三次会议制定。该议定书需要在占全球温室气体排放量 55% 以上的至少 55 个国家批准才能成为具有法律约束力的国际公约。中国于 1998 年签署并于 2002 年 8 月核准了该议定书，2005 年 2 月该议定书正式生效。该议定书旨在限制发达国家温室气体排放量以抑制全球变暖，规定到 2010 年所有发达国家二氧化碳等 6 种温室气体的排放量相比 1990 年减少 5.2%，并制定了各发达国家具体的减排目标。《公约》及《京都议定书》已成为各方公认的应对气候变化的国际法律基础。

2015 年 12 月，在法国巴黎举行的第 21 届联合国气候变化大会达成了《巴黎协定》和一系列相关决议，提出各国应根据各自国情、能力自主决定应对全球气候变化的贡献力度，定期制定并提交国家自主贡献。目前已有 130 多个国家或地区已经或计划提出碳中和目标。

中国为应对气候变化，2015 年在气候变化巴黎大会上提出了国家自主贡献目标：将于 2030 年左右使二氧化碳排放达到峰值并争取尽早实现，2030 年单位国内生产总值（GDP）二氧化碳排放比 2005 年下降 60%~65%，非化石能源占一次能源消费比重达到 20% 左右，森林蓄积量比 2005 年增加 45 亿立方米左右。2020 年 9 月在第 75 届联合国大会一般性辩论上习近平主席强调,中国将提高国家自主贡献力度,采取更加有力的政策和措施,二氧化碳排放力争于 2030 年前达到峰值,努力争取 2060 年前实现碳中和。2020 年 12 月 12 日,国家主席习近平在气候雄心峰会上宣布中国国家自主贡献新举措:到 2030 年,中国单位国内生产总值二氧化碳排放将比 2005 年下降 65%以上,非化石能源占一次能源消费比重将达到 25%左右,森林蓄积量将比 2005 年增加 60 亿立方米,风电、太阳能发电总装机容量将达到 12 亿千瓦以上。

我国自 2020 年提出 2030 年达到碳达峰、2060 年实现碳中和("双碳"目标)以来,政府高度重视气候变化应对工作,从国家到地区到具体行业陆续出台了系列相关政策规划和实现路径图,以期通过"双碳"目标倒逼我国经济社会发展模式,实现我国对国际社会庄重承诺的同时推进我国现代化建设进程及绿色低碳可持续发展。目前,实现碳达峰、碳中和已上升为我国重大战略决策,成为各项工作的任务重点和约束性考核指标。

1.2　研究背景

1.2.1　国家碳排放管控现状

随着世界各国经济、人口的不断发展,气候变化、生态破坏等环境问题日益突出。积极应对全球气候变化、实施绿色低碳可持续发展已成为全球共识。我国是目前世界上最大的碳排放国[1],政府高度重视全球气候变化问题,针对独具中国自然资源、经济社会发展特色的碳排放特征,从能源、产业、体制机制建设、组织机构等方面对碳减排战略及措施进行了全面部署和规划。减污降碳、实现"双碳"目标已成为我国实现绿色低碳发展、建设现代化强国的工作重点和战略要求。目前我国碳排放特征、国家碳排放管理机构及减排行动及方案如下所述。

(1)我国碳排放特征

如图 1-1 所示,1990～2019 年间我国碳排放总量呈现逐年递增趋势,自 2000 年以来,增长趋势尤为明显,但增长幅度缓慢降低,能源需求的增长及能源碳排放

系数升高是我国近 20 年间碳排放持续增高的主要原因；碳排放强度除 2000~2005
年有一定上升外，总体呈下降趋势，说明我国经济发展方式较为低碳可持续，在经
济发展方式转型、产业结构调整、节能低碳减排等方面取得较为显著的绩效。

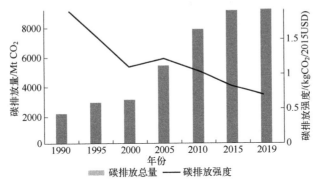

图 1-1 1990~2019 年中国碳排放总量及碳排放强度变化图（来源：IEA Data Services）

2015USD 表示以 2015 年美元不变价计量

相比其他国家，我国产业具有高能耗、重化工业占比高、碳排放总量大、人均
碳排放量高等特征。2020 年中国总排放 13Gt 二氧化碳，约占全球的 1/4，人均排放
9t，高于其他国家 45%。化石燃料燃烧和工业过程排放是主要碳排放贡献源，总碳
排放量约 11Gt，占全国总排放的 90%，其他国家该比例维持在 60% 以下。从能源类
型来看，碳排放约 70% 来源于煤炭，石油占比 12%，天然气 6%，与我国富煤少油
的资源禀赋相一致；从部门角度来看，2019 年电力热力生产部门贡献了 53% 的碳排
放（主要来源于燃煤电厂），其次是工业部门，约为 28%，交通部门占比约 9%，其
他居民生活、商业、农业等部门共占剩余的 10%。

（2）国家碳排放管理机构

为更好地领导全国气候变化和减能减排工作，我国从国家、地方及有关部门层
面建立起相对完善的气候变化组织管理机构。

国家层面，2007 年，国务院成立国家应对气候变化及节能减排工作领导小组，
由国务院总理作为领导小组组长，实现跨部门间的协调议事，是气候变化和节能减
排等相关行业的政府主管部门，主要职责包括：研究审议国际合作和谈判对案，制
定国家应对气候变化的重大战略、方针和对策；组织贯彻落实国务院有关节能减排
工作的方针政策，研究审议重大政策建议并统一部署，协调解决工作中的重大问题。
国务院可根据工作需求，对机构设置及人员组成进行调整。2014 年，成立由国家发

改委、国家统计局和科技部等部门和行业协会组成的气候变化统计工作领导小组，强化了气候变化相关统计工作的组织领导。2015年该领导小组讨论通过了中国的国家自主贡献目标文件。国家信息通报和两年更新报告及国家温室气体清单工作，就是由国家主管部门负责，其他相关部门配合，开展提供基础数据统计、协调相关行业协会和典型企业提供资料、建立国家温室气体清单数据库等工作，形成了较为稳定的清单、信息通报及更新报告编制队伍，以完成《公约》规定的缔约方应该履行的报告义务。

地方及部门层面，随着国务院国家应对气候变化及节能减排工作领导小组的成立，相继成立由省级人民政府任组长、有关部门参加的省级应对气候变化和节能减排工作领导小组，作为地方应对该方面工作的跨部门综合性议事协调机构，并组织执行相关政策部署。2008年在国家发改委增设了国家发改委应对气候变化司，2012年成立了国家应对气候变化战略研究和国际合作中心。截至2016年底，11个省级主管部门相继在省发展和改革委员会成立应对气候变化处室，作为省级应对气候变化主管部门的办事机构，并不断提高地方气候变化科研机构建设，提升对当地政府减碳决策的科技支撑能力。

（3）国家减排行动及方案

气候变化已经对我国农业、水资源、陆地生态系统、海岸带和沿海生态系统及人群健康产生重要的影响[2]。1951～2016年我国气温上升速率为0.23℃/10年，1980～2017年我国沿海海平面平均上升速率为3.3mm/年，均高于同期全球平均水平[2]，同时我国仍面临着较为严峻的环境形势。2018年，我国出现酸雨的城市比例为37.6%，比2017年上升1.5%；我国环境空气质量达标的城市占比仅为35.8%；在其他污染物排放浓度有所下降的形势下，臭氧浓度和超标天数呈现逐渐上升的趋势，以细颗粒物（$PM_{2.5}$）及臭氧（O_3）为首的复合型大气污染已成为我国目前环境空气质量改善的重要制约因素[3]。

针对以上环境问题，我国相继出台了大气污染防治、控制温室气体排放、节能减排等系列政策方案，开展了低碳省区城市试点、碳核查及碳排放权交易试点等行动，并承诺2020年单位国内生产总值二氧化碳排放比2005年下降40%～45%的目标，在2030年左右二氧化碳排放达到峰值并提出单位国内生产总值二氧化碳排放比2005年下降60%～65%的目标，并从顶层设计及各个碳排放相关领域总体规划部署行动，以减缓气候变化、保护生态环境，具体如下。

顶层设计方面，强化规划引领和目标管控。国家"十四五"规划对国内生产总值能耗和碳排放提出明确约束性要求，对碳达峰碳中和目标的实现，陆续发布《中共中央 国务院关于完整准确全面贯彻新发展理念做好碳达峰碳中和工作的意见》《2030年前碳达峰行动方案》《减污降碳协同增效实施方案》等意见指南，对节能减排工作目标、重点及方向作出总体规划。建立人民政府控制温室气体排放目标责任评价考核指标体系，健全统计核算、评价考核和责任追究制度，通过强化目标责任评价考核进一步推进节能减碳进程。

调整产业及能源结构，提高能效、节约能源。产业方面，加快现代服务业的发展，生产性、生活性服务业向专业化、高端价值链、精细化、高品质延伸转化；有序淘汰落后产能，控制高耗能产业扩张速度，推动产业结构转型升级和低碳产业发展。能源结构方面，积极发展可再生能源、水电、风电、太阳能等非化石能源，稳步提升天然气消费比重，强化煤炭消费总量控制。能效方面，强化节能目标责任考核，扩大节能重点工程的投资规模，完善节能标准标识，推广节能技术和产品，强化建筑节能，推动交通运输节能等，提高能源节约力度和能源效率，减少碳排放。

控制非二氧化碳气体的排放，注重碳汇的增加。控制工业过程甲烷、氧化亚氮、氢氟碳化合物的处理和排放；推动农村沼气转型升级，控制化肥消耗量，减少农业过程温室气体排放；积极推动废物的资源化、减量化和再利用，从源头和生产过程减少废弃物处理过程温室气体排放。

1.2.2 石油炼制行业发展现状

1.2.2.1 行业地位及发展历程

（1）行业地位及作用

石油炼制行业以原油、重油等为原料，生产汽油、柴油、燃料油、润滑油、石油蜡、石油沥青和石油化工原料等。石油炼制行业作为重要能源和基础原材料的主要供应者，资金技术密集、产业关联度高、产品覆盖面广，在国民经济、国防和社会发展中具有极其重要的地位和作用。据统计全世界总能源需求的约40%依赖于石油产品，汽车、飞机、轮船等重要交通运输工具使用的几乎全部是石油产品。石油炼制能力常常作为衡量一个国家工业发展水平的重要标志，2021 年中国炼油能力达8.8 亿吨/年，占全球总炼油能力的 17.5%，位居世界第二。

石油炼制行业是我国重要的支柱产业。2021 年，石油化工行业规模以上企业实现主营业务收入 14.45 万亿元、利润总额 1.16 万亿元，分别占全国规模工业主营收入的 11.3%、13.3%；进出口贸易总额 8601 亿美元，占全国进出口贸易总额的14.2%，对我国稳增长、稳投资、稳外贸等经济社会发展有着重要作用。

石油化工行业是主要原材料行业之一，是我国工业的基础工业。石油化工行业为国民经济其他部门及终端消费提供了数以万计的原材料及产品，是经济发展的重要支撑行业。2021 年，成品油产量 35738 万吨，煤油、润滑油、乙烯等重要产品产量位居世界前列，产品广泛应用于交通运输业、建筑业、制造业等，是提供能源及有机化工原料的最重要工业。

（2）发展历程

石油炼制行业根据发展规模及技术进步水平，可分为建设初期、迅速发展期、壮大成熟期、转型升级期四个时期，具体如下。

① 建设初期（20 世纪初～20 世纪 50 年代）。我国是世界上较早发现石油的国家，但现代炼油工业的起步却比较晚，此阶段我国石油炼制工业发展规模小、工艺简单。虽然在 1905 年陕西地方当局兴办了延长石油官厂，但到 1949 年中国原油产量只有 120kt，原油加工能力约 170kt，只拥有蒸馏、热裂化、叠合、离心脱蜡等少数炼油装置，而且规模都很小。直到 20 世纪 50 年代，我国利用苏联的技术建设了以兰州炼油厂为代表的年加工原油量 1Mt 级的现代化炼油厂，掌握了移动床催化裂化和润滑油生产等技术，相当于世界 20 世纪 40 年代的技术水平，我国炼油技术开始步入发展期。

② 迅速发展期（20 世纪 60～80 年代）。从 20 世纪 60 年代起，石油炼制行业得到政府高度关注，该行业生产工艺及装备开始快速发展，同时由此带来的环境问题开始引起少部分有识之士的注意。

1961 年，石油工业部为自力更生发展我国炼油工业和技术做出重大决策，制定炼油行业路线图，组织了催化裂化、延迟焦化和新型常减压装置的技术攻关，极大推动了我国炼油行业的发展历程。随着原油产量的增加，我国随后建设了以大庆炼油厂为代表的年加工原油量 1.5Mt 级的炼油厂，掌握了延迟焦化、流化床催化裂化、铂重整、尿素脱蜡等技术和相应的催化剂制造工艺，以及加氢裂化、天然气蒸汽转化制氢、烷基化等工艺，缩短了与世界炼油技术先进水平的差距。

20 世纪 70 年代起，建成了多座年加工原油量 2.5Mt 级的炼油厂，以及多金属催化重整、分子筛脱蜡、喷雾蜡脱油、软蜡裂解、加氢精制、提升管催化裂化、同轴式流化床催化裂化等新型装置，如 1974 年使用分子筛催化剂的提升管催化裂化装置在玉门炼油厂投产。

20 世纪 80 年代，改革开放以后，与国外接触逐渐增加，国外的先进炼油技术逐渐引入我国炼油厂，包括先进的加氢裂化技术及重油催化裂化技术。加氢裂化技术于 1982 年在茂名炼油厂投产，并引进了尾油全循环的加氢裂化技术以生产对二甲苯；1987 年后陆续建成了四套重油催化裂化装置，初步具备现代化大型炼油厂规模。

③ 壮大成熟期（20 世纪 90 年代~21 世纪 10 年代）。1990~2010 年间，我国在消化吸收和改进引进技术的基础上，在催化剂和生产工艺技术上的一系列创新彻底取代了引进技术，形成了催化裂化家族技术，如催化裂化 I 型工艺（DCC-I）、催化裂化 II 型工艺（DCC-II）、灵活多效催化裂化工艺（FDFCC）、两段提升管多产丙烯催化裂化工艺（TMP）、多产异构烷烃催化裂化工艺（MIP）等，可满足不同原料来源、不同产品质量及种类的需求。重油轻质化及深加工技术也得到不同程度的发展与创新，如加氢精制改质、逆流连续重整技术，同时环境问题开始显现，并趋于严重，国家针对由此带来的污染问题制定了相关标准及政策。

在此期间炼油工业的规模和基本技术构成相对比较稳定，而且对于具体的各项技术，例如在工艺设备、催化剂、系统优化、过程模拟和先进控制、环境保护等方面，都有了重要的进步和发展，炼油技术基本达到国际先进水平。同时我国炼油产能快速增长，炼油企业数量不断增加，炼油消耗原油量从 2000 年的 2.03 亿吨快速增长到 2010 年的 4.19 亿吨，石油炼制行业进入壮大成熟期。

④ 转型升级期（2010 年至今）。随着该行业产能的不断壮大，产能过剩问题开始显现，行业引起的污染问题对环境影响日趋严重，亟待向绿色低碳转型。

"十二五"期间，炼油行业受国内外油价下跌和自身产业结构缺陷影响，行业增速减缓、效益下滑、产能过剩趋于严重，且随着对产品质量要求的不断提高，安全环保压力不断增加，产业结构调整和转型升级成为该行业发展重点。具体表现在产品结构进一步完善（从 2017 年 7 月和 2018 年 1 月起，在全国范围内全面供应国四、国五标准普通柴油，硫含量低于 0.001%），炼油装置结构不断调整（传统炼油工艺催化裂化能力比例下降、清洁油品加氢能力比例上升、落后产能大量淘汰），产业趋向于规模化、集聚化、炼化一体化，科技装备水平进一步提升（已具备依靠自有技术建设千万吨级炼油生产装置的能力）等。

"十三五"期间，该行业特征性污染物 VOCs 治理工作引起政府高度关注，被列为"十三五"污染治理重点。目前已在全国范围内开展无组织排放的泄漏监测与修复（LDAR），于 2015 年颁布了《石油炼制工业污染物排放标准》（GB 31570—2015），2017 年 4 月环境保护部公开征集关于《挥发性有机物无组织排放控制标准》意见，各省份也陆续发布了 VOCs 核算体系及排放标准，2017 年底 VOCs 被纳入石油化工行业排污费征收范围，VOCs 的综合整治力度不断增大。

"十四五"期间，石化行业发展重点转为改革创新、数字化转型、绿色低碳清洁安全，以改革创新为动力，大力发展化工新材料和精细化学品，加快产业数字化转型，加速行业质量变革、效率变革、动力变革，推进我国由石油化工大国向石油化工强国迈进。

1.2.2.2 行业规模及产业布局

（1）产能概况

2005 年我国石油炼制能力为 3.2 亿吨（以 200 万吨红线之上能力计算），随着经济社会发展，石油炼制能力不断增强，2013 年约达 6.62 亿吨，是 2005 年的 2 倍有余。2014 年，我国炼油能力达 7.02 亿吨，较 2013 年增长 3950 万吨，同比增长 6%，平均开工为 75%，产能过剩开始显现。2015 ~ 2019 年间，随着国际油价下跌及我国产业结构调整力度的加快，大量落后产能淘汰整顿，新增产能项目受限，该行业产能仍保持持续增长趋势，但增速减缓，年均增长率在 4.67%左右波动。2019 年以来，我国产业结构调整力度加大，大量落后产能淘汰，新型可再生燃料消费量扩大，同时受国内绿色低碳政策影响，国家能源结构发生新改变，我国炼油产能开始出现下降，增长率呈稳定下降趋势，产能快速增长期进入尾声。2005～2021年我国石油炼制能力及增长率如图1-2所示。

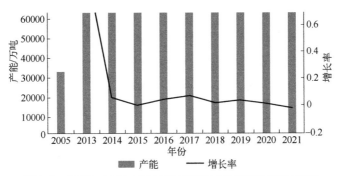

图1-2 2005～2021年我国石油炼制行业产能及增长率变化图

从经营主体看，总体以中国石油化工集团有限公司（中石化）、中国石油天然气集团有限公司（中石油）为主，中国海洋石油集团有限公司（中海油）、中国化工集团有限公司（中国化工）、地方炼厂、外资及煤基油企业等参与的多元化格局继续发展。2018年中石化、中石油合计炼油能力4.67亿吨，占总炼油能力的56.32%；地方炼厂总炼油能力2.13亿吨，占全国炼油能力的25.6%。

（2）布局概况

从地区布局来看，2021年，华东、东北、华南三大炼油地区占据了全国总炼油能力的73.7%，较上年提高0.4个百分点，行业总体集中度有所提升；从省市布局来看，山东、辽宁、广东是炼油大省，占总能力的47%左右，山东省是地方炼油厂的集中地，约占全国地方炼油总能力的50%；从沿海布局来看，环渤海湾、长江三角洲、珠江三角洲三大炼化产业集群占炼油总能力的70%左右。中国全万吨级炼厂约有30家，占总炼油能力45%左右，国内炼厂平均规模与世界炼厂平均规模仍有较大差距。

1.2.2.3 行业污染物及碳排放现状

石油炼制行业是我国国民经济和能源安全的基础产业，同时也是高能耗、高污染、高排放行业。改革开放以来，我国石油炼制行业发展迅速，原油加工量由2000年的20305.3万吨快速增长到2016年的55342.3万吨，年均增长率17%，而相应的能源消耗、污染物及碳排放也呈现快速增长趋势。同时，石油炼制生产过程中排放的污染物种类多、毒性大，对生态环境及人类健康有着较为显著的影响[4,5]；伴随着石油产品的广泛应用，该影响在众多下游产业供应链间不断传递，进而对全国产生较大的环境影响。

根据世界资源研究所（WRI）及中国石油大学在《石化行业温室气体排放数据管理及核查关键技术研究》中的报告，自 1991 年以来，石化行业温室气体排放量年均增长率达 6.5%，处于钢铁和水泥行业之后。根据石化行业不同部门划分，化学原料与化学制品对行业碳排放贡献最大，为 59.02%；石油炼制行业为第二，约占19.99%；油气开采行业温室气体排放相对较少，约 9.61%。在我国积极应对气候变化、推动污染物减排的背景下，石油炼制行业已成为我国关注的重点领域。石化行业于 2017 年被纳入第一阶段全国碳排放权交易市场，《"十四五"推动石化化工行业高质量发展的指导意见》要求到 2025 年，石化化工行业大宗产品单位产品能耗和碳排放明显下降，基本形成自主创新能力强、结构布局合理、绿色安全低碳的高质量发展格局；此外，为促进行业绿色低碳清洁化发展，油品质量标准及污染物排放标准不断加严，行业面临的节能减排压力进一步加大。在此形势下，精准地掌握企业碳排放水平、充分地了解环境影响关键环节、制定切实可行的减排路径显得尤为重要。

1.2.2.4　行业面临形势

根据石油和化学工业规划院发表的《石化化工行业低碳发展报告》，从国家政策、能源供给及技术创新方面对行业面临形势进行了总结分析。

（1）国家政策要求

自"双碳"目标提出以来，国家陆续颁发多项意见、指南、方案等文件部署推动碳减排工作。国家层面发布了《中共中央 国务院关于完整准确全面贯彻新发展理念做好碳达峰碳中和工作的意见》《2030 年前碳达峰行动方案》等，提出提高非化石能源消费比重、提高能源利用效率、降低二氧化碳排放水平等目标，国家整体能源结构向着更加绿色低碳方向发展，石油炼制行业作为重要的能源基础部门，更是响应国家政策的重点实施对象。

（2）能源供给形势

我国能源安全保障进入关键攻坚期。能源供应保障基础不断夯实，资源配置能力明显提升，连续多年保持供需总体平衡有余。"十三五"以来，国内原油产量稳步回升，天然气产量较快增长，年均增量超过 100 亿立方米，油气管道总里程达到 17.5 万公里，发电装机容量达到 22 亿千瓦，西电东送能力达到 2.7 亿千瓦，有力保障了经济社会发展和民生用能需求。但同时，能源安全新旧风险交织，"十四五"时期能源安全保障将进入固根基、扬优势、补短板、强弱项的新阶段。

能源低碳转型进入重要窗口期。"十三五"时期，我国能源结构持续优化，低碳转型成效显著，非化石能源消费比重达到 15.9%，煤炭消费比重下降至 56.8%，常规水电、风电、太阳能发电、核电装机容量分别达到 3.4 亿千瓦、2.8 亿千瓦、2.5 亿千瓦、0.5 亿千瓦，非化石能源发电装机容量稳居世界第一。总体来看，近期我国能源安全问题较为突出，油气资源不足、依赖进口的特征仍旧在相当长的时间内存在，中长期能源转型已成为确定趋势，化石能源消费占比大幅度降低，可再生能源将逐步占据主导地位。

（3）技术创新形势

面对"双碳"目标要求，行业计划实施一批前瞻性、战略性的重大科技项目，聚焦化石能源绿色智能开发和清洁低碳利用、可再生能源大规模利用、氢能储能、CCUS 等重点内容，深化应用基础研究，积极研发新型核电技术、加氢可控核聚变等前沿技术。目前我国面向碳中和的相当一部分技术仍处于研究阶段，还未形成成熟的工业化应用。石化行业未来需要在以可再生能源为主的电网、氢能、储能、CCUS 等技术方面加强技术研发和应用研究。

1.2.3 碳排放核算研究意义

精准的碳排放核算体系是量化碳排放水平、衡量碳减排效果的基础和前提，从根源解析环境影响贡献环节是确定优先减排重点、制定有效减排路径的关键。目前我国对石油炼制过程的碳排放核算结果并不够精准，如忽略无组织排放源排放、不重视非 CO_2 温室气体排放等。有研究表明[6]，2012 年，我国非 CO_2 温室气体排放量占总排放量（包括土地利用变化和林业）的 18%，超过同年日本、德国等国家各自的温室气体排放总量。在现有政策框架下，到 2030 年，我国非 CO_2 温室气体排放将比 2005 年翻一番，因此非 CO_2 形式的碳排放不容忽视。近期，石油炼制行业针

对造成臭氧及 $PM_{2.5}$ 污染的重要前体物 VOCs 开展了大量的控制工作。对无组织非 CO_2 温室气体排放的忽视同时会造成对碳排放水平及碳减排效果的低估。另外，由于工艺复杂性、数据获取限制性等，我国目前非常缺乏对石油炼制过程的环境影响评价研究，现有的大多基于具体石油产品进行全生命周期环境影响评价，此过程中石油炼制阶段一般作为"黑箱"处理。产品层面的生命周期环境影响并不能全面反映石油炼制过程的环境影响，也不能深层次追踪石油炼制过程的具体贡献环节，这明显不利于我国石油炼制过程减排优先领域的确定及高效减排政策的制定。因此，目前仍亟须开展对石油炼制工业过程的精准化碳排放核算及环境影响评价研究，以识别行业减排重点，分析行业可能的减排路径及其环境协同效应，支撑石油炼制过程的精细化管控及绿色低碳转型。

1.3 石油炼制碳排放核算研究进展

作为应对气候变化、制定减排政策的基础工作，不同的国家和组织先后发布了较为系统的碳排放核算指南、标准等，包括国家层面、省市层面、企业/组织层面及产品层面，如表 1-1 所列。无论哪个层面，碳排放源的识别及核算方法的选择是碳排放核算过程的必须步骤。本节从碳排放源及碳排放核算方法两个方面对目前已发布的碳排放核算体系进行概述。

表 1-1 不同层次温室气体排放核算报告指南

适用范围	文件名称	时间	单位组织
国家层面	《1996 年 IPCC 国家温室气体清单指南》（简称《1996 年 IPCC 指南》）	1996	政府间气候变化专门委员会（IPCC）
	《2006 年 IPCC 国家温室气体清单指南》（简称《2006 年 IPCC 指南》）	2006	IPCC
	《2006 年 IPCC 国家温室气体清单指南（2019 修订版）》（2019 年修订报告）	2019	IPCC
省市层面	《省级温室气体清单编制指南（试行)》（简称《省级指南》）	2011	中国国家发展和改革委员会
	《温室气体议定书-城市核算与报告标准》	2014	世界资源研究所（WRI）

适用范围	文件名称	时间	单位组织
企业（组织）层面	《温室气体议定书——企业核算与报告标准》	2001、2004	世界持续发展商业理事会（WBCSD）、WRI
	组织、项目层次上对温室气体排放和清除的量化、监测和报告的规范及指南（ISO 14064）	2006、2018	国际标准化组织（ISO）
	23 个重点行业及 1 个工业其他行业企业温室气体排放核算方法与报告指南	2013～2015	中国国家发展和改革委员会
	《工业企业温室气体排放核算和报告通则》等 11 项	2015	国家质检总局、国家标准化委员会
产品层面	《产品和服务生命周期内 GHGs 排放评价规范》（PAS 2050）	2008	英国标准协会（BSI）
	《产品全生命周期核算和报告标准》	2011	WRI
	《温室气体—产品碳足迹—量化要求及指南》（ISO 14067）	2018	ISO

1.3.1 碳排放源识别归类

碳排放源的识别是进行碳排放核算的前提，直接影响碳排放核算结果。目前碳排放源划分方法可分为基于活动部门划分法及基于全生命周期思想划分法两类。

（1）基于活动部门划分法

基于活动部门划分法是我国对不同层面碳排放源的主要划分方法，国家、省市层面的碳排放源主要参考《1996 年 IPCC 指南》[7]《2006 年 IPCC 指南》[8]。IPCC 将 GHGs 源划分为能源、工业过程和产品使用、农业林业和其他土地利用及废弃物四部分，能源排放具体包括固定及移动源的燃烧、逸散源、CO_2 运输及注入与地质储存[8]。该划分方法针对区域内各种方式直接产生或吸收的碳排放总量，不涉及与区域外物质能量等调入调出所产生的温室气体排放，主要核算的气体类型为 CO_2、CH_4、N_2O、HFCs、PFCs、SF_6、NF_3、SF_5CF_3、卤化醚及《蒙特利尔破坏臭氧层物质管制议定书》未涵盖的其他卤烃。我国于 2004 年、2012 年、2017 年及 2019 年向《联合国气候变化框架公约》秘书处提交的三次气候变化信息通报及两次两年更新报告中的国家温室气体清单皆是参考 IPCC 指南的分类及核算方法。

省市层面，我国编制的《省级温室气体清单编制指南（试行）》[9]考虑到电力产品的特殊性且电力对 GHGs 排放影响较大，在能源活动部分增加了电力的调入调出的间接碳排放类别。以上区域层面核算体系适用于宏观的碳排放核算，若应用到具体行业层面，则存在排放源识别不全的问题。如对于石油炼制行业，该体系未识别催化剂烧焦、制氢尾气、硫黄尾气等工业过程排放源及废气处理排放。

企业或组织层面上，我国先后颁布了 24 个行业企业 GHGs 核算指南，及 11 项工业企业 GHGs 核算标准[10]，也是我国现阶段开展碳核查的主要依据。《工业企业温室气体排放核算和报告通则》（GB/T 31250—2015）将排放源归类为燃料燃烧、过程排放、购入电力热力产生的排放及特殊排放（生物质燃料燃烧、产品隐含碳）共四类，碳排放总量核算公式中将碳回收利用量进行了扣除。《中国石油化工企业温室气体排放核算方法与报告指南》（简称《石化指南》）[11]中，识别的石油炼制相关排放源为燃料燃烧 CO_2 排放、火炬燃烧 CO_2 排放、工业生产过程 CO_2 排放、CO_2 回收利用、净购入间接电力和热力 CO_2 排放。该指南主要对 CO_2 排放源进行了核算，未考虑无组织排放源、硫黄回收排放、废物处理源，未对 CH_4、N_2O、CO、$VOCs$ 等非 CO_2 形式含碳气体进行核算。

我国目前对产品层面的碳排放核算关注不多，尚未得到广泛的应用。区域层面与企业或组织层面的活动部门划分方法的不同体现在逸散排放源、废弃物处理源、间接电力热力的归类上。区域层面将逸散源、间接电力热力皆归类于能源活动类别，废物处理源为一单独类别；而企业或组织层面则将逸散源、废物处理源归于过程源，间接电力热力为单独类别。

（2）基于全生命周期思想划分法

相比活动部门法，全生命周期划分法在核算范围内活动产生的现场排放基础上，同时考虑核算范围内物料、资源能源的上游生产过程（即由于本地活动引起的界外排放），大多应用于国外对城市及企业/组织层面碳排放源的归类，核算气体主要为 CO_2、CH_4、N_2O、$HFCs$、$PFCs$、SF_6 六类气体。

WRI 等编制的城市《温室气体议定书》将 GHGs 排放源分为固定能源、移动源、废弃物、农业林业和其他土地、工业过程和产品使用、其他由于本地活动产生的界外排放共 6 类，采用层级分解的方法自上而下对每类排放源进行细化。为了区分由于本地活动产生的界外排放，以上排放源又可分为三个范围，涉及全过程全产业链，包括范围1：界内直接GHGs排放；范围2：电力、热力等使用引起的GHGs排放；范围3：界内活动引起的界外间接GHGs排放。

WBCSD与WRI编制的企业层面《The Greenhouse Gas Protocol: A Corporate Accounting and Reporting Standard, revised edition》[12]中，将GHGs排放源分为三个类别，范围1：直接排放源；范围2：间接电力排放源；范围3：其他间接排放源。ISO 14064制定的《Greenhouse gases — Part 1: Specification with guidance at the organization level for quantification and reporting of greenhouse gas emissions and removals》采用了同样的分类方法。

国际石油工业环境保护协会（IPIECA）及美国石油会（API）针对石油炼制行业发布了《石油工业温室气体报告指南（2011版）》（简称《API指南》），从全生命周期的角度，将石油行业排放源分为：直接排放源（固定源燃烧、移动源燃烧、火炬燃烧、工业过程、逸散排放、非正常排放）、间接能源排放（净购电力、热力）、其他间接排放（原辅料的勘探开采运输、产品的分配与使用、购买的氢气、废弃物处理等）。

另外，产品层面的温室气体核算，也称为碳足迹，是对产品从设计、生产、销售、使用到末端废弃物处理全过程温室气体排放量的核算。BSI、WRI、ISO等组织分别制定了《产品和服务生命周期内GHGs排放评价规范》《产品全生命周期核算和报告标准》《温室气体—产品碳足迹量化要求及指南》（ISO 14067），对产品全生命周期的核算边界、碳排放源、核算方法等进行了界定和规范。

1.3.2 碳排放核算方法

上述核算体系采用的碳排放核算方法主要包括实测法、物料衡算法排放系数法，其中排放系数法应用最为广泛。

（1）实测法

实测法是指通过科学合理的采样分析，获取某排放源具有代表性的烟气流量及各污染物排放浓度，进而核算污染物排放量的方法，监测数据一般来源于连续监测系统（CEMS）。

（2）物料衡算法

物料衡算法是基于生产系统中输入输出物料质量守恒建立的核算方法。若仅考虑生产系统碳元素流动情况，物料衡算法也可称为碳平衡法。该方法通过核算生产系统输入原辅料中含有的碳总量与进入产品副产品中碳总量及进入废水废渣中的碳总量之差确定污染物排放量[13]，是核算工业过程源或非能源使用燃料碳排放的有效办法。

（3）排放系数法

排放系数法是通过获取排放源的活动数据及对应的碳排放系数（也称碳排放因子）核算碳排放量的方法。活动数据可以是燃料消耗量、原料投入量、产品输出量、工业增加值等，用以量化某行为的活动水平。碳排放系数是指单位活动水平的碳排放量，可以包括一种碳排放气体，也可以是不同含碳气体转换成的 CO_2 标量。IPCC 指南中根据可获取数据的详细程度，提供了 3 种不同精度的排放因子：方法 1 为按燃料类型给出的缺省值，该值未考虑活动水平的下一级分解，也未考虑不同国家之间的区别；方法 2 为特定国家的排放因子，考虑了不同国家燃料碳含量、氧化因子、燃料属性等因素的不同；方法 3 为特殊燃料和技术类型下的排放因子，考虑了不同燃料类型、燃烧技术、运作条件、控制条件等因素对排放因子的影响，可从特定工厂基于燃料流量测量和燃料化学作用或基于烟气流量测量和烟气化学数据获取[8]。

1.3.3 碳排放核算研究进展

目前专门对石油炼制相关的碳排放核算进行的研究较少，大多在初步核算行业企业碳排放量基础上，开展石化行业碳排放影响因素[14]、减排路径及对策[15,16]、减排潜力[17]、能源效率[18]、碳排放权分配[19]等方面的研究。

在炼油厂碳排放核算方面，马敬昆等[20]对 2005 年中石化 34 家炼厂燃料燃烧源、催化剂烧焦源、制氢源、间接电力热力源进行了核算；孟宪岭[21]以物料衡算及物料平衡的方法对我国石油炼制过程燃烧排放、工艺排放（催化裂化、制氢排放）及间接电力热力 CO_2 排放量进行了核算；罗胜[22]通过设定人口、产业结构、生产技术、能源消费结构等假设条件及约束条件，运用系统仿真方法构建了基于石化行业能源消费相关 CO_2 排放核算模型，并对碳排放量进行了预测；陈宏坤等[23]借鉴欧洲炼厂不同工艺结构的整体排放系数及不同产品的碳排放系数，对我国炼油行业的 CO_2 排放量进行了估算；牛亚群等[24]以物料衡算法为主、排放因子法为辅，对炼油企业燃烧排放、工艺过程排放（催化剂再生、制氢过程、硫黄回收）、间接排放 3 类排放源 CO_2 排放量进行了估算；吴明等[25]对原油开采、原油炼化及产品消费全生命周期的碳元素流动情况进行了测算，其中对原油炼化阶段排放的 CO_2 采用排放系数的方法进行核算。

以碳排放量核算为基础进行其他方面研究的文献中，宋铁君[26]采用排放系数法对石化行业能源相关碳排放进行了估算，并采用对数平均迪氏指数法（LMDI）模型从排放强度、产出规模、能源强度和能源结构四方面对影响碳排放的主要因素进行了分析，提出相关实施策略；沈浩[27]采用碳平衡的方法，以炼油厂作为一个单元，通过中石化24家企业投入原料及输出产品的碳含量之差核算CO_2排放量，在此基础上，进一步研究了石化企业能源效率现状、影响因素等，并提出对策建议；丁浩等[28]采用排放系数法对石化行业能源相关CO_2排放量进行估算，并进一步开展了我国石化产业碳排放脱钩效应研究；刘玲[29]采用排放系数法对我国石化行业 1991～2010 年能源消耗相关CO_2、CH_4及N_2O排放量进行了核算，在此基础上，对石化行业碳排放影响因素及减排潜力进行了分析；Xie 等[30]采用排放系数法对石油加工及炼焦行业能源相关CO_2排放量进行了核算，并以此为基础采用 LMDI模型对碳排放影响因素进行了分解量化；安铭[31]采用物料衡算法对催化裂化装置的烧焦及能耗相关CO_2排放进行了核算；汪中华等[32]采用排放系数法对石化行业能源消费引起的CO_2排放量进行了核算，并根据核算结果，采用广义迪氏指数分解法对碳排放影响因素进行了分解；李健 [33]采用排放系数法对石化行业能源相关CO_2 排放量进行了核算，并从产业转移视角分析了京津冀石化产业碳排放因素分解与减排潜力。

综上，碳排放源方面，我国已经形成较为成熟和系统的碳排放源归类方法，在国家、行业、企业层面也编制了比较规范的报告及指南。但目前对石油炼制行业碳排放源几乎都以排放类别为基础进行归类，尚未发现从工业过程角度对行业企业排放源进行归类的研究。另外，在碳排放核算时大都忽略了无组织排放源，且仅对CO_2进行了核算，未涉及 CO、VOCs 等非 CO_2形式碳排放。核算方法方面，目前碳排放核算体系大多采用排放系数法、物料衡算法，对逸散源及非CO_2形式碳排放核算办法比较缺乏。

1.4　石油炼制碳排放核算研究不足

目前石油炼制行业相关的碳排放统计核算研究仍存在不足之处，包括但不限于：

① 对石油炼制过程的碳排放源大多根据排放类别进行归类核算,从工业过程层面进行碳排放统计核算的研究较少。以排放类别为单元获取的排放系数应用范围比较局限,不同企业工艺流程不同,相应的不同类别的碳排放系数也不同,具体企业的排放类别碳排放系数无法直接应用到其他企业。工业过程是所有炼油企业的基本单元,工业过程碳排放系数在不同企业之间可进行类比借鉴,从工业过程层面开展石油炼制过程碳排放核算研究更具应用价值。

② 由于数据获取的限制性及排放形式的复杂性,目前炼油企业层面碳排放核算未考虑无组织排放源、废物处理源;炼油行业层面碳排放大多基于能源消耗进行,忽略了工业排放源、无组织排放源、废物处理源,导致核算结果不够精准。另外,目前对石油炼制过程的碳排放核算中大多仅考虑 CO_2 排放,少部分涵盖了 CH_4 及 N_2O,缺乏对 CO、VOCs 等非 CO_2 含碳气体的核算。

③ 目前研究缺乏对石油炼制行业单独的碳排放核算,大多与炼焦行业作为一个整体或对石化行业进行核算。我国炼焦行业及化学原料及化学制品制造业也是高能耗行业,将其与石油炼制行业作为一个整体,难以准确获取石油炼制行业的碳排放特征、影响因素等。

1.5 本书主要研究内容

针对以上不足,本书采用理论与实证相结合的方法,对石油炼制行业碳排放核算及工业过程环境影响评价开展了研究,具体内容如下。

(1)石油炼制企业层面精准化过程碳排放核算体系研究

针对目前碳排放核算体系存在的核算方法不够精准、无法核算无组织排放源的问题,本书首先从产业结构、企业类型、工业过程及排放气体四个方面确定研究范围;采用"生产系统、生产装置、生产单元、排放节点"四层分级的方法对石油炼制过程碳排放源进行识别归类;构建了基于物料衡算-实测法相结合的企业层面精准化过程碳排放核算体系,并对该核算体系进行了案例应用验证。

(2)石油炼制行业层面碳排放核算体系及年际变化分析

针对目前石油炼制行业层面的碳排放核算都是基于排放类别进行统计核算,尚未有或极少研究从工业过程层面进行核算，且目前行业碳排放核算体系仅核算能源相关碳排放，忽略了工业过程及逸散源的问题，本书建立了基于工业过程及基于排放类别的两种行业碳排放核算方法，并采用基于排放类别核算方法对我国石油炼制行业 2000～2017 年的碳排放量进行了核算；根据碳排放核算结果，结合各阶段行业碳排放政策及减排措施的实施，从碳排放量、碳排放系数、碳排放强度三个角度定性分析了行业碳排放年际变化特征及减排措施的实施效果；采用 LMDI 模型，量化加工规模、能源效率、能源结构、排放系数对碳增量的贡献，分析其对行业碳增量贡献的年际变化特征，挖掘行业目前碳减排存在的问题及瓶颈，识别行业碳减排重点。

（3）石油炼制工业过程碳排放数据统计体系

对目前碳排放统计体系方式进行综述，分析其优劣势；根据上文建立的企业及行业层面工业过程碳排放核算方法，以工业过程为基本统计单元，构建了相对应的企业及行业层面碳排放数据统计框架。

（4）基于工业过程的石油炼制生命周期评价（LCA）研究

针对目前环境影响评价侧重于产品层面，不能全面反映石油炼制整体环境影响，且无法从根源解析关键贡献环节的问题，本书以中等规模炼油企业为研究对象，基于上文建立的精细化碳排放核算方法，建立了工业过程层面的本地化清单；采用生命周期评价方法从工业过程层面识别了全厂减排重点，并对重点控制装置的关键贡献因子及物质进行深层次追踪溯源；同时对生产装置加工单位原料产生的综合环境进行量化评价，进一步识别石油炼制过程的碳排放控制重点，并为生产装置最优组合路线提供技术支撑。

（5）石油炼制行业碳减排路径及协同效应

根据过程生命周期环境影响评价结果，依据源头减量、过程控制、末端治理、循环再生思路，从原辅料替换、优化装置结构、提高能源效率、拓展能源结构、技术进步、回收再利用等层面构建行业碳减排措施，分析各减排措施的应用潜力，预测行业碳排放量及"双碳"目标实现路径，并分析评估该路径的环境协同效应。

第 2 章

企业层面精准化过
程碳排放核算体系

准确核算碳排放量是应对气候变化、制定减排目标和对策措施的基础和前提。针对目前碳排放核算体系存在的核算结果不够精确、无法核算无组织源碳排放的问题，本章采用"生产系统-工业过程-生产单元-排放环节"四级排放源识别方法对石油炼制工业过程的碳排放源进行识别；采用物料衡算法-实测法相结合的方法，系统构建了企业层面精准化过程碳排放核算体系，并对该方法进行案例应用。

2.1 研究范围

石油炼制行业隶属于石化行业，本节从产业结构、企业类型、工业过程三个方面对研究范围进行了界定。

2.1.1 产业结构

从产业结构来说，石化行业可分为上游的油气开采业、油气加工业，中间的化学原料与化学制品制造业，以及下游由塑料、纤维和橡胶成型制品生产等构成的化工制品业，如图 2-1 所示。源头的地层油气经油气勘探、油气开采、油气处理后，得到原油及天然气经储运送往油气加工业。原油经分馏、转化、精制等过程炼制后，生成各种石油产品，此为石油炼制过程。分馏出的石油轻组分则进一步经裂解抽提或裂解精制等过程获取烯烃、苯系物等基础化工原料。天然气化工业主要是对天然气进行净化分离及化学加工等处理，生成合成氨、甲醇、乙炔等产品，进一步延伸加工可获取尿素、硝酸、制冷剂、醋酸等化学品。化学原料及化学制品制造业则是利用上游石油轻组分裂解出的三苯（苯、甲苯、二甲苯）、三烯（乙烯、丙烯、丁二烯）、乙炔等基础化工原料进行合成，获取配合剂、化工原料单体，进一步聚合生成合成橡胶、合成树脂等化学品。末端的化工制品业以合成橡胶等合成材料为主要原料，采用挤、注、吹、压、涂等工艺加工成型为最终产品。本书研究范围如图 2-1 中虚线框内所示。

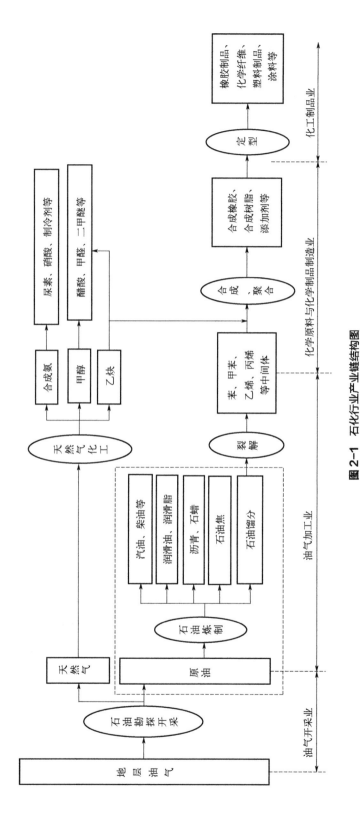

图 2-1 石化行业产业链结构图

2.1.2 企业类型

从企业层面来说，拥有石油炼制工业过程的为炼油企业。传统炼油企业以生产车辆燃料油、沥青、石油焦等产品为主，辅助生产乙烯、丙烯等化工原料。但随着全球范围能源结构调整、油品需求减少、石化产品需求增加，大型炼油企业已超出自身范畴，在生产成品油基础上，进一步延伸产业链条，增加乙烯、丙烯、芳烃等基础有机化工原料的生产。除此之外，为适应市场需求，部分企业除生产燃料油和基础化工原料外，还会生产部分化学制品及化工成型制品，如合成树脂、合成橡胶等。

根据产品类型及侧重点的不同，油气加工行业下的企业总体可分为炼油企业、炼油化工并重企业及以化工产品为主的企业三大类。炼油企业以生产燃料油、润滑油为主，不生产或生产少部分聚丙烯等化工产品；炼油化工并重企业除生产各种燃料油外，还配置有大规模的乙烯、芳烃等基础化工原料；以化工产品为主的企业主要生产化工制品。本书研究企业类型为炼油企业。

2.1.3 工业过程

石油炼制过程正常运营涉及的生产设施包括核心生产系统、辅助生产系统及附属生产系统[11]，其中附属生产系统与核心加工过程没有直接关联，本书暂不考虑。本书边界设定为从原辅材料入厂到产品装卸出厂为止的所有生产系统及辅助生产系统，具体的石油炼制工业主要工艺流程如图2-2所示。

（1）基本生产系统

在原油加工中，基本都要经过预处理过程、分离过程、转化过程、改质精制等过程及气体加工过程，主要工业过程如下。

① 预处理过程：开采出的原油带有大量的盐分及水分，在进入生产装备之前需先进行脱盐脱水，以减少对设备的腐蚀。

② 分离过程：将原油分离为多个馏分油和渣油的过程，包括初馏塔或闪蒸塔、常压塔及减压塔。

③ 转化过程：将减压馏分油、渣油等重油裂解为轻质油的过程，主要包括催化裂化、加氢裂化、延迟焦化等。

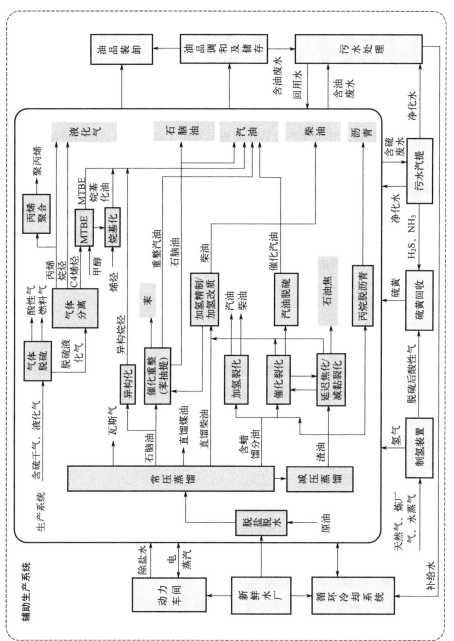

图2-2 石油炼制工业主要工艺流程

④ 改质精制过程：通过脱硫等方式提高油品品质的过程，主要包括催化重整、加氢精制、溶剂精制、化学脱硫等。

⑤ 气体加工过程：对各装置产生的气体轻组分进行处理加工，合成调和剂或基础化学原料的过程，主要包括气体脱硫、气体分离、异构化、甲基叔丁基醚（MTBE）、丙烯聚合、烷基化等过程。

（2）辅助生产系统

辅助生产系统包括供水供电系统、循环冷却系统、供热系统、油品调和及储存系统、油品装卸系统、制氢系统、污水处理系统、固废处理系统、硫黄回收等。

2.2 工业过程碳排放源识别及归类

2.2.1 排放源识别

针对研究范围，采用"生产系统-工业过程-生产单元-排放环节"四层分级的方法对石油炼制过程碳排放源进行识别。首先从生产系统层面将企业分为基本生产系统及辅助生产系统；再将两大生产系统分解为具体的工业过程，如基本生产系统分为常减压、催化裂化、催化重整等过程；各工业过程根据关键物料流动，进一步分解为具体的生产单元，如常减压过程可分解为预处理（电脱盐脱水）、常压蒸馏、减压蒸馏单元；最后分析各生产单元的原辅料投入及反应原理，识别具体的排放环节、排放因子及排放形式，具体如表 2-1 所列。

表 2-1　石油炼制过程碳排放源识别结果

生产系统	工业过程	生产单元	排放环节	直接排放气体	间接排放气体
基本生产系统	常减压	电脱盐脱水	电力消耗间接排放	—	CO_2、CO、CH_4、$VOCs$、N_2O
		常压蒸馏	加热炉燃料燃烧、无组织逸散、电力热力消耗	CO_2、CH_4、$VOCs$	
		减压蒸馏	加热炉燃料燃烧、无组织逸散、电力热力消耗	CO_2、CH_4、$VOCs$	

续表

生产系统	工业过程	生产单元	排放环节	直接排放气体	间接排放气体
基本生产系统	加氢裂化	反应部分	加热炉燃料燃烧、无组织逸散、电力热力消耗	CO_2、CH_4、VOCs	CO_2、CO、CH_4、VOCs、N_2O
		分馏部分	加热炉燃料燃烧、无组织逸散、电力热力消耗	CO_2、CH_4、VOCs	
	催化裂化	反应-再生-能量回收	催化剂烧焦尾气排放、电力热力消耗	CO_2、CO、CH_4、VOCs、N_2O	
		分馏部分	无组织逸散、电力热力消耗	CH_4、VOCs	
		吸收稳定	无组织逸散、电力热力消耗	CH_4、VOCs	
	延迟焦化	焦化部分	加热炉燃料燃烧、无组织逸散、电力热力消耗	CO_2、CH_4、VOCs	
		分馏部分	无组织逸散、电力热力消耗	CH_4、VOCs	
		冷切焦	放空、无组织逸散、电力热力消耗	CH_4、VOCs	
	减黏裂化	分馏部分	加热炉燃料燃烧、无组织逸散、电力热力消耗	CO_2、CH_4、VOCs	
	溶剂脱沥青	萃取、溶剂回收	加热炉燃料燃烧、无组织逸散、电力热力消耗	CO_2、CH_4、VOCs	
	加氢精制、改质	反应部分	加热炉燃料燃烧、无组织逸散、电力热力消耗	CO_2、CH_4、VOCs	
		分馏部分	无组织逸散、电力热力消耗	CH_4、VOCs	
	吸附脱硫	反应再生	加热炉燃料燃烧、无组织逸散、电力热力消耗	CO_2、CH_4、VOCs	
		稳定部分	无组织逸散、电力热力消耗	CH_4、VOCs	
	催化重整	预处理	加热炉燃料燃烧、无组织逸散、电力热力消耗	CO_2、CH_4、VOCs	
		重整稳定	加热炉燃料燃烧、无组织逸散、电力热力消耗	CO_2、CH_4、VOCs	
		抽提部分	无组织逸散、电力热力消耗	CH_4、VOCs	
		催化剂再生	催化剂烧焦尾气排放、电力热力消耗	CO_2、CO、CH_4、VOCs、N_2O	

生产系统	工业过程	生产单元	排放环节	直接排放气体	间接排放气体
基本生产系统	气体脱硫	脱硫部分	无组织逸散、电力热力消耗	CH_4、VOCs	CO_2、CO、CH_4、VOCs、N_2O
		胺液再生	无组织逸散、电力热力消耗	CH_4、VOCs	
	气体分离	气体精馏	无组织逸散、电力热力消耗	CH_4、VOCs	
	烷基化	原料精制	无组织逸散、电力热力消耗	CH_4、VOCs	
		反应部分	无组织逸散、电力热力消耗	CH_4、VOCs	
		流出物精制	无组织逸散、电力热力消耗	CH_4、VOCs	
		分馏部分	无组织逸散、电力热力消耗	CH_4、VOCs	
	异构化	反应部分	加热炉燃料燃烧、无组织逸散、电力热力消耗	CO_2、CH_4、VOCs	
		分馏部分	无组织逸散、电力热力消耗	CH_4、VOCs	
	丙烯聚合	原料精制	无组织逸散、电力热力消耗	CO_2、丙烯	
		聚合系统	无组织逸散、电力热力消耗	丙烯、丙烷	
		闪蒸系统	无组织逸散、电力热力消耗	丙烯、丙烷	
		丙烯回收	无组织逸散、电力热力消耗	丙烯、丙烷	
	MTBE	醚化反应	无组织逸散、电力热力消耗	CH_4、VOCs	
		催化蒸馏	无组织逸散、电力热力消耗	CH_4、VOCs	
		甲醇回收	无组织逸散、电力热力消耗	CH_4、VOCs	
		MTBE精制	无组织逸散、电力热力消耗	CH_4、VOCs	
辅助生产系统	动力车间	除盐水生产	电力热力消耗	CO、CO_2、CH_4、VOCs	
		锅炉单元	燃料燃烧、电力热力消耗	CO、CO_2、CH_4、VOCs	
		发电单元	电力热力消耗	—	
		空分空压	电力热力消耗	—	
	供水系统	预处理	电力热力消耗	—	
	循环冷却系统	冷却、换热	无组织逸散、电力热力消耗	CH_4、VOCs	
	污水汽提	沉降除油	无组织逸散、电力热力消耗	CH_4、VOCs	
		汽提部分	无组织逸散、电力热力消耗	CH_4、VOCs	
	硫黄回收	反应部分	电力热力消耗	—	
		冷凝部分	电力热力消耗	—	
		加氢吸收	电力热力消耗	—	
		焚烧部分	尾气排放	CO、CO_2、CH_4、VOCs	

生产系统	工业过程	生产单元	排放环节	直接排放气体	间接排放气体
辅助生产系统	制氢装置	加氢脱硫	燃料燃烧、无组织逸散、电力热力消耗	CO、CO_2、CH_4、$VOCs$	CO_2、CO、CH_4、$VOCs$、N_2O
		转化部分	燃料燃烧、尾气排放、无组织逸散、电力热力消耗	CO_2、CO、CH_4、$VOCs$、N_2O	
		中温变换	无组织逸散、电力热力消耗	CH_4、$VOCs$	
		氢气提纯	无组织逸散、电力热力消耗	CH_4、$VOCs$	
	油品储存	储存调和、油气回收	有机废气燃烧、无组织逸散、电力热力消耗	CO_2、CH_4、$VOCs$	
	油品装卸	装卸、油气回收	有机废气燃烧、无组织逸散、电力热力消耗	CO_2、CH_4、$VOCs$	
	火炬系统	—	有机废气燃烧、电力热力消耗	CO_2	
	废水处理	隔油浮选	无组织逸散、电力热力消耗	CH_4、$VOCs$	
		生物处理	无组织逸散、电力热力消耗	CH_4、$VOCs$	
		有机废气处理	有机废气燃烧、电力热力消耗	CO_2、CH_4、$VOCs$	
	固废处理	焚烧	废弃物燃烧、电力热力消耗	CO_2、CH_4、$VOCs$	
		生物处理	无组织逸散、电力热力消耗	CO_2、CH_4、$VOCs$	
	碳回收	—	—	—	
	移动源	消防车、物流车等	车用燃料燃烧	CO_2、CO、CH_4、$VOCs$、N_2O	—

2.2.2 排放源归类

（1）排放源分析

对表2-1各工业过程涉及的所有碳排放环节及排放因子进行分析汇总如下。

① 电力热力消耗：指工业过程净消耗的电力及热力，涉及企业各个生产环节，主要排放含碳气体为 CO_2、CH_4、CO、$VOCs$、N_2O。

② 燃料燃烧：指各类加热炉、锅炉等燃料燃烧用以提供热量的过程，排放含碳气体主要为 CO_2、CH_4、$VOCs$、N_2O，采用重油燃烧时产生部分 CO。

③ 工艺尾气：指催化剂烧焦及化学反应过程排放的工艺尾气，包括催化剂烧焦

过程（催化裂化、催化重整、吸附脱硫等）、制氢过程、硫黄回收过程，主要排放含碳气体为 CO_2、CH_4、CO、VOCs。

④ 逸散排放：分为有意和无意的排放，包括罐区呼吸气排放、设备泄漏、装卸过程气体挥发、循环水系统气体逸散、延迟焦化冷焦切焦气体有组织泄放及无组织释放、过程尾气放空，主要排放含碳气体为 CH_4 及 VOCs。部分企业会对罐区呼吸气、装卸过程废气进行油气回收处理，若采用燃烧法还会排放部分 CO_2。

⑤ 火炬燃烧：为维持工况稳定及生产负荷平衡，部分瓦斯气会进入火炬进行燃烧；开停工或维修时，设备中气体会吹扫进入火炬燃烧，主要排放含碳气体为 CO_2、CH_4、VOCs。

⑥ 废水处理排放：包括废水有氧/无氧降解过程 CH_4 的排放，废水隔油浮选过程中废水中油料挥发的 VOCs 或密闭加盖焚烧后 CO_2、CH_4、VOCs 的排放。

⑦ 固废处理排放：固废自然降解或生物降解或焚烧过程产生的 CO_2、CH_4 排放。

⑧ 二氧化碳回收利用：企业产生的 CO_2 作为原料自用或作为产品外供。

⑨ 移动源燃烧：厂区内消防车、物流车等使用过程中汽油、柴油燃烧产生的排放，不包括原辅料及产品厂外运输及分配过程，主要排放含碳气体为 CO_2、CH_4、CO、VOCs 等。

（2）排放源划分

本书依据活动部门法对碳排放源进行分类。区域层面及企业组织层面的活动部门划分方法的不同体现在逸散排放源、间接电力热力源、废弃物处理源、碳回收利用源的归类上。逸散排放是指煤炭、石油等能源在开采、加工、存储和运输过程有意或无意的释放。有意释放一般是为维持工况的稳定和平衡生产负荷而有意地进行排放，如气体放空、泄压等；无意释放是不受人为控制的排放，如石油炼制过程的设备泄漏、闪蒸损失等。此部分排放的目的不是提供热量，也不是废物，本书中将逸散排放单独列为一类。废物处理过程属于辅助生产系统，是生产过程产生废气、废水、废渣的处理处置过程，一般不参与产品的核心生产，同样将废物处理设为单独的类别。从某种意义上来说，碳的回收利用相当于对废气的回收处理，因此本书将碳回收利用归类于废物处理类别。

根据以上分析，结合石油炼制过程碳排放实际情况，本书将石油炼制过程碳排放源分为直接排放及间接排放，直接排放包括燃料燃烧、工艺尾气、逸散排放及废物处理四类；间接排放指净购入电力热力排放，具体如表2-2所列。

表2-2　石油炼制过程碳排放源归类结果

类别		排放源	排放节点	排放气体
直接排放	燃料燃烧	各工业过程、动力车间、移动源等	各生产装置加热炉、动力锅炉、移动源	CO_2、CO、CH_4、$VOCs$、N_2O
	工艺尾气	催化剂烧焦	催化裂化、催化重整、吸附脱硫	CO_2、CO、CH_4、$VOCs$、N_2O
		制氢过程	制氢转化炉	CO_2、CO、CH_4、$VOCs$、N_2O
		硫黄回收	硫黄回收焚烧炉	CO_2、CO、CH_4、$VOCs$、N_2O
		火炬燃烧	火炬燃烧排放及长明灯燃烧系统	CO_2
		油气回收	收集油气的处理排放	CO_2、CH_4、$VOCs$
	逸散排放	生产装置	设备泄漏、延迟焦化泄放、冷焦切焦排放、	CH_4、$VOCs$
		油品调和及储存	罐区呼吸气排放	CH_4、$VOCs$
		有机液体装卸	火车、汽车装卸过程	CH_4、$VOCs$
		循环冷却系统	冷却塔、集水池等与循环水、空气接触部位	CH_4、$VOCs$
	废物处理	废水处理	隔油浮选单元无组织挥发、生物降解、废水处理过程有机废气收集处理	CO_2、CH_4、$VOCs$、N_2O
		固废处理	固废生物降解/焚烧、自然降解	CO_2、CO、CH_4、$VOCs$、CO_2
		碳回收利用	二氧化碳回收利用装置	
间接排放	净购入电力热力排放		各用电用热设备	CO_2、CO、CH_4、$VOCs$、N_2O

2.3　精准化过程碳排放核算方法

核算方法总体思路为：全厂总碳排放量为各工业过程碳排放量之和，各工业过程碳排放量为燃料燃烧源、工艺尾气源、逸散排放源、废物处理源及净购入电力热力排放源（间接排放源）碳排放量之和。各排放源碳排放核算方法以物料衡算-实测法为主，兼顾排放系数、碳排放核算模型法。不同含碳气体通过全球增温潜能值（GWP）转化为 CO_2 标量，如式（2-1）~式（2-3）所示：

$$E_{企业,总} = \sum_i E_i \tag{2-1}$$

$$E_i = E_{燃烧,i} + E_{工艺,i} + E_{逸散,i} + E_{废物处理,i} + E_{电力热力,i} \tag{2-2}$$

$$E_{CO_2eq} = E_{CO_2} + 30E_{CH_4} + 265E_{N_2O} + 1.8E_{CO} + GWP_s \times E_{VOCs,s} \tag{2-3}$$

式中

E_i——工业过程 i 碳排放量，$t\,CO_2\,eq$（eq 指标量或当量）；

$E_{燃烧,i}$、$E_{工艺,i}$、$E_{逸散,i}$、$E_{废物处理,i}$、$E_{电力热力,i}$——工业过程 i 燃料燃烧源、工艺尾气源、逸散排放源、废物处理源、净购入电力热力排放源碳排放量，$t\,CO_2\,eq$；

E_{CO_2}、E_{CH_4}、E_{N_2O}、E_{CO}、$E_{VOCs,s}$——CO_2、CH_4、N_2O、CO、VOCs 中具体成分 s 的排放量，t；

30、265、1.8、GWP_s——CH_4、N_2O、CO、VOCs 中具体成分 s 的全球增温潜能值。

2.3.1 燃料燃烧源

固定源、移动源皆为燃料燃烧导致的碳排放，燃料中的碳元素经燃烧后最终变为 CO_2、CO、总悬浮物（TSP）、CH_4 及 VOCs。采用碳平衡-实测法相结合的方法核算燃料燃烧源各含碳气体排放量，N_2O 排放量通过燃料燃烧量及对应的燃料 N_2O 排放系数确定。碳平衡-实测法具体为：通过燃料燃烧量及其含碳量确定排放到大气中的总碳量，同时监测大气中各含碳气体排放浓度比例，进而确定各含碳气体中碳元素排放浓度比例，再将总碳量根据碳排放浓度比例分配到各污染物中，最终根据分配的各含碳气体碳含量及该含碳气体中碳元素摩尔质量占比确定该污染物排放量，如式（2-4）~式（2-6）所示：

$$E_{燃烧,p} = \sum_f^m AD_f \times CC_f \times \gamma_p / M_{p,c} \tag{2-4}$$

$$\gamma_p = M_{p,c} \times C_p / \left(\frac{3}{5} C_{VOCs} + \frac{12}{12} C_{TSP} + \frac{3}{11} C_{CO_2} + \frac{3}{7} C_{CO} + \frac{3}{4} C_{CH_4} \right) \tag{2-5}$$

$$E_{\text{VOCs},s} = \sum_{i=0}^{n} E_{\text{VOCs}}(C_{s,f} / C_{\text{VOCs},f}) \tag{2-6}$$

式中 $E_{\text{燃烧},p}$、E_{VOCs}、$E_{\text{VOCs},s}$ ——燃料燃烧源含碳气体 p、VOCs 及 VOCs 中具体成分 s 的排放量，t；

p ——CO_2、CO、CH_4 及 VOCs；

AD_f ——燃料 f 燃烧量，t；

CC_f ——燃料 f 的平均含碳量，%；

γ_p ——含碳气体 p 中碳排放浓度占总碳排放浓度比例；

$M_{p,c}$ ——含碳气体 p 中碳元素摩尔质量占气体 p 分子量的比值；

C_p、C_{VOCs}、C_{TSP}、C_{CO_2}、C_{CH_4}、C_{CO} ——含碳气体 p、VOCs、TSP、CO_2、CH_4、CO 排放浓度，mg/m³；

$C_{s,f} / C_{\text{VOCs},f}$ ——VOCs 中具体 s 组分质量浓度占 VOCs 总质量浓度比例。

TSP 的摩尔质量为 12[34]；VOCs 中碳质量比例为 0.6[8]。

2.3.2　工艺尾气源

该类别包括催化剂烧焦、制氢过程、硫黄回收、火炬燃烧及油气回收，具体核算方法如下所述。

（1）催化剂烧焦

烧焦是石油炼制过程中通过连续或间歇方式去除催化剂附着焦炭的过程，其 CO_2 排放量占全厂总排放量的 30%以上[21]。根据烧焦过程碳元素流动可知，烧焦烟气中少量碳元素会在脱硫除尘过程进入废渣或废水中，剩余含碳气体排放到大气中。由于催化裂化脱硫废水大多为循环利用，不外排，且废水中的有机物最终也会挥发到大气中，故本书暂不考虑废水中总碳含量。废渣中总碳量可通过废渣产生量及废渣含碳量确定；N_2O 排放量通过燃料燃烧量及对应的燃料 N_2O 排放系数确定。具体核算公式如式（2-7）所示：

$$E_{\text{烧焦},p} = (AD \times CC - Q_s \times CC_s) \times \gamma_p / M_{p,\text{C}} \tag{2-7}$$

式中 $E_{\text{烧焦},p}$ ——烧焦过程各含碳气体 p 排放量，t；

AD、CC——烧焦量及焦层碳含量（质量分数），t、%；

Q_s、CC_s——脱硫废渣量及废渣含碳量（质量分数），t、%。

（2）制氢过程、硫黄回收

制氢过程、硫黄回收反应尾气中碳主要来自原料中的碳，该部分核算方法参考《中国石油化工企业温室气体排放核算方法与报告指南》（简称《石化指南》），具体如式（2-8）所示：

$$E_{制氢、硫黄,p} = \sum_r [AD_r \times CC_r - (Q_{sg} \times CC_{sg} + Q_w \times CC_w)] \times \gamma_p / M_{p,c} \tag{2-8}$$

式中　AD_r、CC_r——r过程原辅料投入量及原辅料中碳含量（质量分数），t、%；

$E_{制氢、硫黄,p}$——制氢过程、硫黄回收各含碳气体p排放量，t；

Q_{sg}、CC_{sg}——产品产量及产品碳含量（质量分数），t、%；

Q_w、CC_w——残渣产量及残渣碳含量（质量分数），t、%。

（3）火炬燃烧

火炬排放量较小，主要考虑CO_2的核算。可通过分析火炬气成分核算碳排放量，参考《石化指南》正常工况下火炬燃烧CO_2排放，具体如式（2-9）所示：

$$E_{CO_2,火炬} = \sum_i [Q_i (CC_{非CO_2,i} \times OF \times 44/12 + V_{CO_2,i} \times 19.7)] \tag{2-9}$$

式中　$E_{CO_2,火炬}$——火炬燃烧CO_2排放量，t；

i——火炬序号；

Q_i——第i号火炬系统火炬气流量，$10^4 m^3$；

$CC_{非CO_2,i}$——火炬气中非CO_2含碳量，$tC/10^4 m^3$；

OF——碳氧化率，缺省值0.98；

$V_{CO_2,i}$——CO_2体积浓度，%；

19.7——CO_2气体在标准状况下的密度，$t CO_2/10^4 m^3$。

（4）油气回收

油气回收系统用来收集处理汽油、柴油等产品装卸过程挥发的油气，收集的油气通过吸收处理后直接排放或燃烧后排放。因装卸不同产品时回收系统入口油气成分不同，难以确定入口油气的碳含量，但考虑到该排放源碳排放量较小，可采用实测法确定含碳气体排放量。若直接排放，主要排放气体为甲烷及 VOCs；若燃烧后排放，主要排放气体为 CO_2。由于该过程 VOCs 排放量较小，可将 VOCs 排放量根据碳含量（0.6）换算成 CO_2 排放量，不再核算具体 VOCs 组分排放量，具体如式（2-10）～式（2-12）所示：

$$E_{直排,CH_4} = Q \times C_{出口,CH_4} \tag{2-10}$$

$$E_{直排,VOCs} = Q \times C_{出口,VOCs} \tag{2-11}$$

$$E_{燃烧,CO_2} = Q \times C_{出口,CO_2} \tag{2-12}$$

式中 $E_{直排,CH_4}$、$E_{直排,VOCs}$、$E_{燃烧,CO_2}$ ——油气回收系统废气直排时进入大气 CH_4 量、VOCs 量及燃烧后排放的 CO_2 量，t/a；

$C_{出口,CH_4}$、$C_{出口,VOCs}$、$C_{出口,CO_2}$ ——油气回收系统排放口 CH_4、VOCs、CO_2 浓度，t/m³。

Q——油气回收系统废气量，m³/a。

2.3.3 逸散排放源

逸散排放主要指各生产过程有意或无意的排放，排放形式多样、排放环节多，是石油炼制行业碳排放核算的难点，排放气体主要为 CH_4 及 VOCs。根据 VOCs 排放源归类解析基础理论，本书将 VOCs 逸散排放源分为生产过程、有机液体储存调和损失、有机液体装卸、循环水冷却系统四项，具体核算方法如下所述。

（1）生产过程

各生产装置总烃（TVOCs，包括甲烷及 VOCs）排放主要来源于各设备动静密封点泄漏、延迟焦化泄压、冷焦切焦排放、放空等。所有流经密封点的油料在与空气接触时都可能产生 TVOCs 的泄漏，延迟焦化装置冷切焦过程保留在焦孔内部的 TVOCs 也会释放到大气中。

从根源来说，排放的 TVOCs 来自各工业过程输入输出的油料，本书采用油料平衡+实测法核算各工业过程含碳气体排放量，即采用油料平衡核算各工业过程TVOCs 逸散量，并通过实测法现场采样分析获取各工业过程无组织 TVOCs 的具体成分比例，结合总逸散量及具体成分比例确定各 TVOCs 成分排放量。

根据炼油厂各工业过程油料流动情况，构建了生产装置水平油料流动模型，如图 2-3 所示。每个工业过程，输入端油料最终去往产品、废水、固体废物、气柜及泄漏到大气中。输入端物料包括油料、有机溶剂（如脱沥青装置的丙烷）、氢气及有机化学品（如 MTBE 装置的甲醇）。氢气虽不是有机物质，但它作为产品或原料参与到相关装置的化学反应中，最终进入产品中或以硫化氢或氨氮的形式进入废水中。输出端物料项包括输出油料（进入下一过程的半成品、进入罐区的最终产品、污油、氢气等）量，废水中的石油类、硫化物、氨氮量，固废含油量，进入气柜低压瓦斯气量，及挥发到大气中的 TVOCs 量。进入常减压装置之前，需要对原油进行脱盐脱水处理，因此原油脱水量也应包含在输出端物料项。

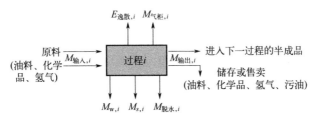

图 2-3　生产装置水平油料流动模型

　　输入输出端的原料及产品量可通过管道内置仪表计量数据获取；废水中石油类、氨氮、硫化物含量，固废含油量可通过企业例行监测报告获取；脱水量可通过原油加工量、原油含水率、脱水效率核算。各个过程 TVOCs 排放量之和可通过全厂总油料输入输出总量进行校核验证，核算公式如式（2-13）、式（2-14）所示：

$$E_{逸散,i} = M_{输入,i} - M_{输出,i} - M_{w,i} - M_{s,i} - M_{气柜,i} - M_{脱水,i} \tag{2-13}$$

$$E_{s,i} = \sum_{i=0}^{n} E_{TVOCs,i} \times C_{s,i} / C_{TVOCs,i} \tag{2-14}$$

式中　$E_{逸散,i}$、$E_{s,i}$、$E_{TVOCs,i}$ ——工业过程 i TVOCs 逸散总量、具体 TVOCs 成分 s 逸散量及 TVOCs 排放总量，t；

$M_{输入,i}$、$M_{输出,i}$ ——工业过程 i 物料总输入量及输出产品量，t；

$M_{w,i}$、$M_{s,i}$ ——工业过程 i 废水中石油类、硫化物、氨氮含量，固废含油量，t；

$M_{气柜,i}$ ——工业过程 i 进入气柜低压瓦斯气量，t；

$M_{脱水,i}$ ——工业过程 i 原油脱水量，t；

$C_{s,i}$、$C_{TVOCs,i}$ ——工业过程 i 具体 TVOCs 成分 s 排放浓度及 TVOCs 排放浓度，t/m³。

（2）有机液体储存调和损失

有机液体储存调和损失包括静置损失和工作损失，主要排放 CH_4 及 VOCs。静置损失主要是由外界环境变化等导致储罐内压力变化引起的损失，工作损失是指有机液体输入输出储罐时液面高度变化等导致储罐内压力变化引起的损失。

目前核算有机液体储存源 VOCs 排放量的方法包括行业系数法、物料衡算法及罐区模型法。行业系数法大多引用的是国外排放水平，且反映的是行业平均水平，VOCs 排放量因不同的产品性质及储存条件存在较大的差异，不具有针对性。中国石油化工总公司于 1989 年曾编制我国本地化石油炼制储运过程损耗标准，《散装液态石油产品损耗》（GB 11085—89）（简称《损耗标准》）[35]，但编制时间较早，不能很好地反映现有 VOCs 排放水平，且不够系统全面。物料衡算法是核算罐区 TVOCs 排放量的有效办法，但该方法需要罐区精确的输入、输出及库存数据。根据调研可知，大多企业对罐区输入、输出数据的统计并不够精确，管理也不够精细，数据的质量和细致程度不足以支撑该方法的需求。罐区模型是结合理论方程及经验参数确定的，是目前应用较多的方法。

目前我国发布的罐区 VOCs 核算模型有早期中国石油化工集团公司编制的《石油库节能设计导则》（以下简称《设计导则》）[36] 及 2015 年环境保护部发布的《石化行业 VOCs 污染源排查工作指南》（以下简称《排查指南》）。《排查指南》中所用的公式引用了美国环保署发布的《美国炼油厂排放估算协议》（以下简称《估算协议》）（第三版）[37] 的核算方法。《设计导则》是我国根据本地实际情况发布的罐区核算模型，发布时间较早（2000 年），与《排查指南》中固定顶罐及内浮顶罐的排放量核算公式、不同构造类型的参数有一定差异。《排查指南》中采用的相关经验参数根据美国炼油厂罐区排放水平确定，而各国储罐结构、储存方式、气象条件等不同都可能会增加结果的不确定性。不同地区的研究结果表明，《排查指南》模型核算结果要低于实际监测结果[38]。但相比《设计导则》，《排查指南》提供了更为全面的罐区结构类型参数，如浮顶罐复盘附件损耗系数，《排查指南》提供了 43 种类型，而《设计导则》仅提供了 19 种。另外，《排查指南》对固定顶罐的核算公式也更为详细和便捷，可直接获取排放量，而《设计导则》核算结果为 VOCs 体积量，还需要进一步替换为质量值。考虑到 2000 ~ 2015 年间储罐储存技术升级和相关控制措施实施等因素，本书采用 2015 年发布的《排查指南》模型核算罐区 VOCs 排放量。在后续的案例应用中，采用两种模型分别进行了核算，并对结果进行对比分析。

甲烷排放量根据 VOCs 排放量及监测的无组织 TVOCs 中甲烷浓度与 VOCs 浓度比例确定，具体 VOCs 成分排放量根据各成分浓度与 VOCs 浓度比例确定，具体如式（2-15）~式（2-18）所示：

$$E_{储存} = \sum_{i=1}^{n} E_{储存,i} \qquad\qquad (2\text{-}15)$$

$$E_{储存,i} = E_{\text{VOCs},i} + E_{\text{CH}_4,i} \qquad\qquad (2\text{-}16)$$

$$E_{\text{CH}_4,i} = E_{\text{VOCs},i} \times \frac{c_{\text{CH}_4,i}}{c_{\text{VOCs},i}} \qquad\qquad (2\text{-}17)$$

$$E_{s,i} = \sum_{i=0}^{n} E_{\text{VOCs},i} \times C_{s,i} / C_{\text{VOCs},i} \qquad\qquad (2\text{-}18)$$

式中　　$E_{储存}$ ——罐区油料挥发总量，t；

　　　　$E_{储存,i}$ ——储油罐 i 的油料挥发量，t；

$E_{\text{VOCs},i}$、$E_{\text{CH}_4,i}$ ——i 储油罐 VOCs 及 CH_4 的挥发量，t；

$\dfrac{c_{\text{CH}_4,i}}{c_{\text{VOCs},i}}$ ——i 储油罐挥发气体中 CH_4 与 VOCs 挥发浓度比值；

　　　　$E_{s,i}$ ——i 储油罐挥发气体 s 排放量，t；

$C_{s,i} / C_{\text{VOCs},i}$ ——i 储油罐挥发气体 s 与 VOCs 排放浓度比值。

（3）其他逸散源

《排查指南》中关于循环水冷却系统 VOCs 排放量提供了汽提废气监测法、物料衡算法及排放系数法三种核算方法。其中汽提废气监测法基于实验室模拟，重现性及不确定性较大。物料衡算法通过监测冷却塔入口及出口水中 VOCs 浓度及循环水量确定排放量。根据《挥发性有机物无组织排放控制标准》（GB 37822—2019），要求企业每六个月至少开展一次循环水塔和含 TVOCs 物料换热设备进出口总有机碳（TOC）或可吹扫有机碳（POC）监测工作，便于溯源泄漏点并及时修复，同时该要求也为物料衡算法核算提供了数据基础。因此循环水冷却系统 TVOCs 排放量优先采用物料衡算法核算，若不具备监测条件可采用排放系数法。甲烷及具体 VOCs 成分排放量根据罐区式（2-17）、式（2-18）确定。

有机液体装卸逸散排放途径主要有两种：一是产品装卸过程采用油气回收，但油气回收系统未能收集的逸散部分；二是产品装卸过程未开启油气回收系统导致的逸散部分。其中油气回收系统未能收集部分 VOCs 量通过核算产品理论 VOCs 挥发量及监测油气回收系统入口 VOCs 收集量之差确定；未使用油气回收系统而导致的 VOCs 挥发量即为理论挥发量。理论挥发量参考《排查指南》确定。以上两种途径甲烷及具体 VOCs 成分排放量同样根据罐区式（2-17）、式（2-18）确定，VOCs 排放量核算方法如下：

$$E_{\text{未采用油气回收系统, VOCs}} = E_{\text{理论, VOCs}} = V \times C_0 \times 10^{-3} \tag{2-19}$$

$$C_0 = 1.2 \times 10^{-4} \times P_T \times M / (T + 273.15) \tag{2-20}$$

$$E_{\text{油气回收系统未收集, VOCs}} = E_{\text{理论, VOCs}} - Q_{\text{油气回收系统}} \times C_{\text{油气回收系统入口, VOCs}} \times 10^{-9} \tag{2-21}$$

式中　　　　V——油品年周转量，m³/a；

C_0——气、液平衡状态下装卸物料的密度，kg/m³；

$Q_{\text{油气回收系统}}$——油气回收系统废气量，m³/a；

T——温度，℃；

$C_{\text{油气回收系统入口, VOCs}}$——油气回收系统入口处 VOCs 浓度，mg/m³；

P_T——装载物料的真实蒸气压，Pa；

M——油气分子量，g/mol。

2.3.4　废物处理源

（1）废水处理

石油炼制企业大多在厂内设有污水处理设施。采用厌氧处理过程产甲烷菌会产生部分 CH_4，隔油浮选过程废水中含有的石油类会挥发部分 VOCs，硝化及反硝化作用会产生部分 N_2O。根据《石油炼制工业污染物排放标准》（GB 31570—2015）要求，目前石油炼制企业废水处理系统的生物降解、隔油浮选等设施基本都已进行密闭加盖，并对产生废气进行收集燃烧处理。

废水处理过程产生的碳排放包括有组织碳排放及逸散排放。对于有组织排放源，若可获取处理系统入口废气流量、CO_2 及其他含碳气体浓度，可参考正常工况下火炬燃烧源公式核算 CO_2 排放量[见式（2-9）]。但根据调研可知，目前石油炼制企业污水厂废气收集处理系统大多在排放口设置了采样口，以监测是否达标，但不太关注入口废气情况，故废气处理系统入口大多不具备监测条件。若采用实测法监测排放口含碳气体排放浓度及废气量，则存在较大误差。根据调研可知，当采用催化剂燃烧方法对收集废气进行处理时，废气处理系统排口甲烷排放浓度波动较大，推测与厌氧处理过程产甲烷菌活动或催化燃烧过程操作参数有关。

因此，本书默认废水处理过程产生的含碳气体最终全部以CO_2形式排入大气中。通过核算废水处理过程产生的所有含碳气体的碳元素总量可以确定该排放源排放的CO_2量。废水处理过程产生的甲烷及N_2O量采用《省级温室气体清单编制指南（试行）》核算[见式（2-22）、式（2-23）]，VOCs产生量根据《排查指南》未密闭时排放系数法核算[见式（2-24）]，甲烷及VOCs排放量根据碳元素统一折算成CO_2排放量核算[见式（2-25）]。废水处理过程最终排放污染物为CO_2、N_2O。污泥中化学需氧量（COD）可取9%（假设干物质含量35%）[8]。

$$E_{CH_4} = (TOW - S) \times EF_{CH_4} - R \qquad (2\text{-}22)$$

$$E_{N_2O} = N_{污水} \times EF_{N_2O} \qquad (2\text{-}23)$$

$$E_{VOCs} = Q_{污水} \times EF_{VOCs} \qquad (2\text{-}24)$$

$$E_{CO_2} = (E_{CH_4} \times 0.75 + E_{VOCs} \times 0.6) \times 44/12 \qquad (2\text{-}25)$$

式中　　　　　TOW——废水中可降解的、污泥中清除的有机物总量，kg COD/a；

S——以污泥方式清除掉的有机物量，kg；

EF_{CH_4}——甲烷排放因子，kg CH_4/kg COD，缺省值0.075[9]；

R——甲烷回收量，kg CH_4/a；

$N_{污水}$——污水中氮含量，t N/a；

$Q_{污水}$——废水处理量，m³；

EF_{VOCs}——废水处理过程VOCs排放系数，t VOCs/m³，VOCs排放系数可取默认值0.0006 t/m³[39]；

EF_{N_2O}——废水N_2O排放因子，t N_2O-N/t N，缺省值0.005[9]；

E_{CH_4}、E_{N_2O}、E_{CO_2}、E_{VOCs}——废水处理过程CH_4、N_2O、CO_2、VOCs排放量，t。

（2）固废处理

炼油厂产生固废可自行处理，也可委托第三方有资质单位进行处理。碳排放可参照《省级温室气体清单编制指南（试行）》进行核算。

（3）二氧化碳回收利用

企业若设有二氧化碳回收设施，该部分排放量应从排放总量中扣除，核算公式可参考《石化指南》，具体为：

$$R_{CO_2} = (Q_{外供}PUR_{外供} + Q_{自用}PUR_{自用}) \times 19.7 \qquad (2\text{-}26)$$

式中　　$Q_{外供}$、$PUR_{外供}$——回收且外供的 CO_2 气体体积（标），m³，及外供 CO_2 纯度，%；

　　　　$Q_{自用}$、$PUR_{自用}$——回收后自用的 CO_2 气体体积（标），m³，及外供 CO_2 纯度，%；

　　　　19.7——标况下 CO_2 气体密度，t CO_2/10^4m³。

2.3.5　间接排放源

净购入电力热力排放源（间接排放源）碳排放采用排放系数法确定。目前，国内企业核算净购入电力碳排放时大多采用国家发改委定期公布的"中国区域电网基准线排放因子"中的基于电量边际、容量边际或组合边际核算的排放因子。以上排放因子是为更准确、更方便地开发符合清洁发展机制（CDM）规则的 CDM 项目和中国温室气体资源减排项目而制定的。世界资源研究所（WRI）相关研究报告指出以上排放因子电力类型未考虑除火电外的低成本电力类型（水电、风电、核电等）[40]。随着我国电力碳减排力度的增强，水电、风电、核电生产量呈现增长趋势，2017 年三者占总生产电量的 27%，对电网碳排放系数有较大的影响。因此，本书中净购入电力热力的 CO_2、CH_4、N_2O、CO、VOCs 排放系数，采用四川大学建立的中国本地化数据库中国生命周期基础数据库（CLCD）中不同区域生产单位电力、热力的污染物排放清单确定（考虑了所有类型电力），具体核算公式如式（2-27）所示：

$$E_{电力/热力} = AD_{净消耗电力/热力} \times EF_p \qquad (2\text{-}27)$$

式中　　$E_{电力/热力}$——各生产装置电力/热力消耗产生的碳排放量，t；

　　$AD_{净消耗电力/热力}$——净消耗电力/热力量，kW·h 或 t；

　　　　EF_p——单位电力/热力污染物 p 排放系数，t/（kW·h）或 t/t。

2.3.6　方法分析

相比目前已知的碳排放核算方法，本书建立的碳排放核算体系优势在于核算结果更为精准、可核算无组织源碳排放，具体如下。

（1）核算结果更为精准

核算结果的精准性体现在：a.增加了对油气回收源、逸散源、废物处理源的碳排放核算；b.除 CO_2 外，增加了非 CO_2 形式碳排放核算；c.电力碳排放系数考虑了清洁电力的影响；d.核算方法的准确性。

对于燃料燃烧源，采用燃料碳含量及含碳气体排放浓度比例确定各含碳气体排放量。该方法采用各含碳气体排放浓度比例而非直接采用排放浓度，消除了实测法中工况波动、监测方法、监测设备等因素导致废气量、排放浓度的不确定性，同时该比例也确定了燃料的本地化碳氧化率。若采用实测法直接核算含碳气体排放量，则存在低估的可能性。例如，根据我国目前 VOCs 测定标准，采用固相吸附-热脱附/气相色谱-质谱法可测定 56 种固定源 VOCs 组分[41]，采用罐采样气相色谱-质谱法可测定环境空气中 67 种 VOCs 组分，而实际排放的 VOCs 成分包括数百种，较低的排放浓度导致碳排放量的低估。

对于生产过程无组织 VOCs 排放量，本书采用油料平衡-实测法，即基于各生产过程年油料输入输出量确定各过程无组织 TVOCs 排放总量，通过实测法获取各过程 TVOCs 中成分比例，通过排放总量与成分比例确定工业过程各成分的排放量。目前对生产过程无组织 VOCs 排放量核算大多采用《排查指南》提供的实测法、相关方程法及筛选范围法，具体是：通过开展泄漏检测与修复（LDAR）监测得到不同类别泄漏点的净检测值（体积比），根据净检测值所处范围，分别采用排放系数法或相关方程得到不同类别泄漏点的 VOCs 排放速率（kg/h），进而核算排放量，该方法可近似总结为 LDAR+方程参数/排放系数法。本书采用的油料平衡+实测法与LDAR+方程参数/排放系数法的区别体现在两个方面：一是本书核算的工业过程VOCs 排放总量不受实测值影响，而《排查指南》核算的 VOCs 排放总量受 LDAR监测值的影响，通过 LDAR 获取的净检测值是瞬时值，受生产工况及维修水平影响较大，存在一定的不准确性，该不准确性会进一步传递到工业过程的 VOCs 核算结果上；二是《排查指南》所用的排放系数或方程参数大多参考国外炼油厂水平，与国内实际排放情况有所差异，且不同装置的排放系数或方程参数是相同的，然而不同生产过程加工原料类型、设备使用年限、连接件类型的不同皆会导致相同类别泄漏点参数的不同，而油料平衡-实测法可以很好地解决以上问题。

（2）可核算无组织源碳排放

本书碳排放核算体系提供了生产过程、罐区、循环水冷却系统及有机液体装卸的无组织碳排放核算方法。

2.4 案例应用

2.4.1 案例介绍

以我国某中等规模炼油企业为案例，对以上方法进行应用验证，并与其他方法核算结果进行比较，同时分析我国典型炼油企业温室气体排放特征。该炼油厂原油一次加工能力为 750 万吨/年，主要产品包括汽油、煤油、柴油等燃料油及少量的蜡油、沥青、聚丙烯等产品。现有常减压、重油催化裂化、连续重整、柴油加氢、聚丙烯等生产装置。燃料为企业自产炼厂气、外购天然气，蒸汽自产自用。2015 年拥有火车及汽车两套油气回收系统，采用柴油吸收+活性炭吸附工艺，柴油装卸过程未进行回收，回收油气吸收后气体直接排放。主要生产工艺流程如图 2-4 所示。

2.4.2 数据收集

2.4.2.1 数据收集过程

（1）现场调研

针对核算过程所需数据，大部分通过现场调研的方式获取。调研时间范围为 2014~2018 年，调研方式从全厂及生产单元两个维度开展，既能从整体上把握企业生产运营情况，又能深入具体生产装置，同时便于获取数据的互相校验及核对，保证获取数据的准确性，调研方法如下：

① 从企业管理部门获取全厂水平的基本资料，包括全厂工艺流程图、平面布置图、环评及清洁生产审核报告、全厂原料产品及资源能源投入产出情况等。收集资料有物料及资源能源投入产出情况，包括全厂生产报表、年度报表、财务报表，及废水废气例行监测报告、全厂危废处置报表、炼厂气成分分析报告等。

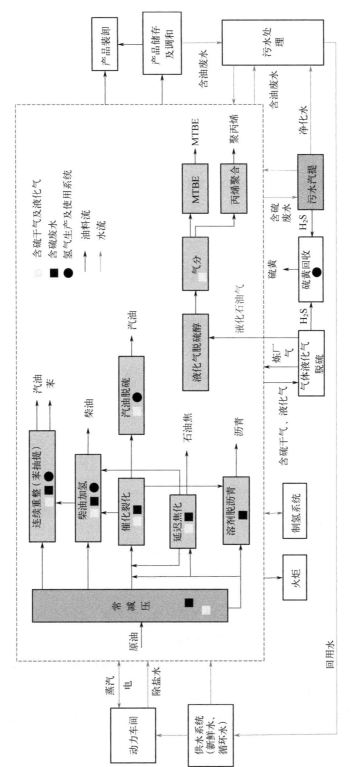

图2-4 主要生产工艺流程图

② 以生产装置为基本单元设计调查表，指导企业各车间技术人员填写。调查表的主要内容为：a.企业基本概况；b.企业各工业过程的原辅料、产品及副产品投入产出情况，包括物料名称、物料性质（硫、碳、氯等元素含量）、物料来源、产品名称、产品去处、投入产出量等；c.各生产单元能源及水资源消耗及输出情况，包括能源及水资源类型、来源、使用节点、使用量等；d.各生产单元废弃物生产及处理处置情况，包括废气量、大气污染物浓度、产生部位、排放形式、工艺尾气成分分析报告，固体废物产生处置量、固体废物成分、产生环节，废水产生量、废水污染物浓度、废水去向等；e.辅助生产系统相关资料，包括火炬系统、罐区系统、装卸过程、循环水厂、新鲜水厂、动力车间等相关信息。

（2）现场监测

制订监测方案，获取重点排放源污染物排放浓度，获取各污染物排放占比，同时对获取数据进一步验证。主要监测内容包括：

① 加热炉、工艺尾气及废气处理排放源 CO、CO_2、TSP、CH_4、VOCs 排放浓度及废气量；

② 无组织 VOCs 排放浓度及成分分析，包括关键生产装置、污水厂、关键储罐（汽油、柴油、石脑油、原油）及厂界等排放。

（3）文献搜集

针对现场调研及监测之后的数据空白，如核算过程所需 N_2O 排放系数等相关参数，通过相关文献及官方报告确定。

2.4.2.2 数据处理

以 2015 年为基准年，对主要排放源数据进行处理。

（1）化石燃料燃烧、工艺尾气排放源

各生产装置炼厂气消耗量、天然气消耗量、烧焦量、制氢过程原料消耗量、硫黄回收过程原料消耗量通过企业管道内置计量仪表获得，并从生产装置及全厂层面进行了交叉验证；炼厂气、天然气、制氢原料、硫黄原料含碳率根据企业成分分析确定；不同排放源排放的 CO_2、CO、CH_4、VOCs 中碳元素排放浓度占总碳排放浓度比例根据现场采样监测数据获取，化石燃料燃烧后的 N_2O 排放系数根据《2006

年 IPCC 指南》确定。具体如表 2-3 ~ 表 2-9 所列。

表 2-3 化石燃料燃烧源碳排放核算参数

排放源	燃料类型	含碳率	γ_{CO_2}/%	γ_{CO}/%	γ_{CH_4}/%	γ_{VOCs}/%
动力车间	炼厂气	0.47	99.79	—	0.05	0.05
	天然气	0.52				
常减压	炼厂气	0.47	99.89	0.01	0.01	0.02
延迟焦化	炼厂气	0.47	99.74	—	0.03	0.04
柴油加氢	炼厂气	0.47	97.14	2.73	0.01	0.01
连续重整	炼厂气	0.47	99.81	0.10	0.01	0.01
汽油脱硫	炼厂气	0.47	99.89	—	0.01	0.01
干气制氢	炼厂气	0.47	99.94	—	0.01	0.01
丙烷脱沥青	炼厂气	0.475	99.88		0.01	0.01

表 2-4 化石燃料 N_2O 排放系数

燃料类型	发热量/（MJ/t）	排放因子/(kg N_2O/TJ)[3]	排放系数/(t N_2O/t)
燃料气/炼厂气	39775[1]	0.1	3.98×10^{-6}
天然气	54071[2]	0.1	5.41×10^{-6}
催化烧焦	39775[1]	1.5	5.97×10^{-5}

① 《炼油单位产品能源消耗限额》（GB 30251—2013）。

② 《中国石油化工企业温室气体排放核算方法与报告指南（试行）》。

③ 《2006 年 IPCC 国家温室气体清单指南》。

表 2-5 催化剂烧焦过程相关参数

排放源	焦炭含碳率	废渣含碳量/t	γ_{CH_4}/%	γ_{VOCs}/%	γ_{CO}/%	γ_{CO_2}/%
1#	100%	120	0.33	0.45	8.81	90.70
2#	100%	226	0.09	0.12	8.83	90.93

表 2-6 制氢过程相关参数

原料	含碳率/%
焦化干气	54.46
天然气	43.40

表 2-7 硫黄回收相关参数 单位：%

原料	含碳率	γ_{CH_4}	χ_{VOCs}	γ_{CO}	γ_{CO_2}
酸性气	10.8	0.27	0.36	9.85	88.78

表 2-8 火炬燃烧相关参数

废气量/（m^3/a）	火炬气中除 CO_2 外其他总含碳量/（t/10^4m^3）	碳氧化率	火炬气中 CO_2 体积浓度	CO_2 排放量/t
2.2	2.87	0.98	1.59%	23.38

表 2-9 油气回收系统有组织排放结果

回收类型	废气量/（10^4m^3/a）	出口 VOCs 浓度/（g/m^3）	出口 CH_4 浓度/（g/m^3）
火车油气回收	357	11.9	8.3
汽车油气回收	44	11.7	8.1

（2）逸散排放源

各生产装置的油料输入输出量、罐区各物料周转量、产品装卸量、循环水循环量来自企业仪表计量数据。由于企业尚未开展循环水换热设备进出口 VOCs 浓度监测，循环水排放量采用排放系数法确定，排放系数取值 0.000719kg/m^3。生产装置、罐区、污水处理厂无组织 VOCs 物种信息见附图 1，各逸散源甲烷与 VOCs 排放浓度比例根据现场监测数据获取，油气回收系统入口出口 VOCs 浓度根据检测报告确定，其他相关参数如表 2-10 ~ 表 2-14 所列。生产过程油料流动平衡如图 2-5 所示。

表 2-10 固定顶罐产品相关参数

储罐序号	产品	摩尔质量/(g/mol)	真实蒸气压/kPa
1 ~ 14	柴油	130	1.69 ~ 3.61
15	污油	68	8.55 ~ 16.04
16 ~ 33	减压蜡油	170	0.0003 ~ 0.03
34 ~ 43	油浆	190	0.06
44 ~ 55	渣油	190 ~ 210	0.002 ~ 0.18
56 ~ 65	减压蜡油	150	0.001 ~ 0.02

表 2-11 内浮顶罐产品相关参数

储罐序号	产品	摩尔质量/（g/mol）	真实蒸气压/kPa
1 ~ 4	柴油	130	3.48
5 ~ 21	汽油	68 ~ 70	33.07 ~ 40.45
22 ~ 29	石脑油	68	25.21 ~ 29.15
30 ~ 37	柴油馏分油	110	45.36 ~ 55.79
38 ~ 44	MTBE	88	27.15 ~ 34.46
45 ~ 46	甲醇	32	11.27
47-48	苯	78	2.47

表 2-12 外浮顶罐产品相关参数

储罐序号	产品	摩尔质量/(g/mol)	真实蒸气压/kPa
1 ~ 7	原油	51 ~ 53	48.83 ~ 63.31
8 ~ 9	污油	68	8.95 ~ 16.84
10	柴油	130	3.37

表 2-13 主要罐区无组织甲烷与 VOCs 挥发浓度比例

参数	原油罐	柴油	汽油	石脑油
$\dfrac{C_{CH_4,j}}{C_{VOCs,j}}$	1.11	0.92	0.56	0.69

表 2-14 产品装卸过程相关参数

装载物料	装卸回收方式	理想状态下气体密度/(kg/m³)	平均装卸温度/℃
汽油	火车装卸+油气回收、管输	1.31	30
柴油	火车装卸、管输	0.20	25
石脑油	汽车装卸+油气回收	1.23	18
苯	汽车装卸+油气回收	0.58	18

（3）废物处理源

该企业固体废物全部委托第三方有资质单位处理，废水处理过程全部密闭加盖，收集气体通过催化燃烧方式处理。废水处理过程碳排放核算所需参数如表 2-15 所列。

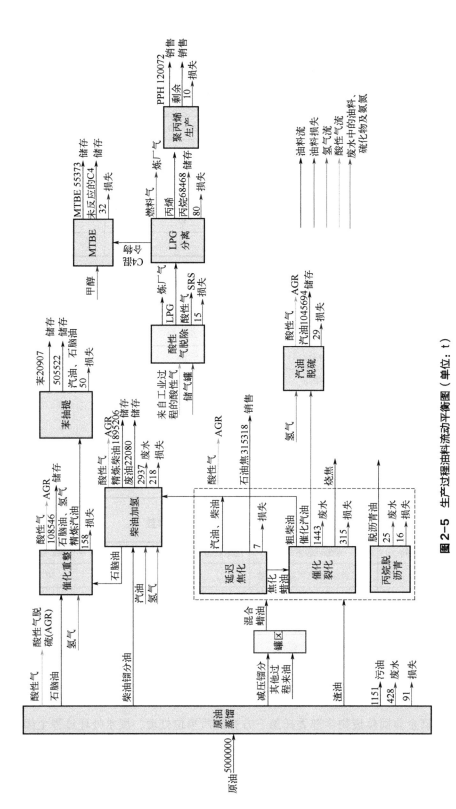

图 2-5 生产过程油料流动平衡图（单位：t）

表 2-15 废水处理源碳排放核算所需参数

项目	TOW /(t COD/a)	S	$N_{污水}$/t	EF_{N_2O} /(t N₂O/t N)	EF_{VOCs} /(kg/m³)	EF_{CH_4} /(kg CH₄/kg COD)
废水处理	2454	108	71.27	0.005	0.6	0.075

（4）间接排放源

电力、热力消耗产生的碳排放核算过程相关排放系数如表 2-16、表 2-17 所列。

表 2-16 电力消耗隐含碳排放系数

电力	CO_2 /[t/(10MW·h)]	CH_4 /[g/(10MW·h)]	N_2O /[g/(10MW·h)]	CO /[kg/(kW·h)]	GWP_{VOCs} /[kg/(kW·h)]
华北区域	11.28	116.87	169.22	1.89×10⁻⁴	0.04

注：数据来源于中国本地 CLCD 数据库。

表 2-17 热力消耗隐含碳排放系数

热力	CO_2 /(kg/t)	CH_4 /(kg/t)	N_2O /(kg/t)	CO /(kg/t)	GWP_{VOCs} /(kg/t)
1.0MPa 蒸汽	343.29	0.87	0.005	0.02	22.53
3.5MPa 蒸汽	208.83	0.62	0.003	0.02	15.81

注：以上排放系数来自中国本地 CLCD 数据库。

2.4.3 核算结果

2.4.3.1 总体排放概况

根据以上核算方法及数据收集结果，对 2015 年炼油厂碳排放情况进行了核算。该核算结果（图 2-6，彩图见书后）既包含了常规的燃料燃烧、电力热力消耗隐含的间接排放，同时也包括了工艺尾气、逸散排放及废物处理的碳排放；除 CO_2 气体外，同时涵盖了 CO、VOCs、CH_4 等非二氧化碳形式的碳排放及 N_2O 排放。2015 年，该企业碳排放系数为 0.30 t CO₂eq/t 原油，总体排放概况如下。

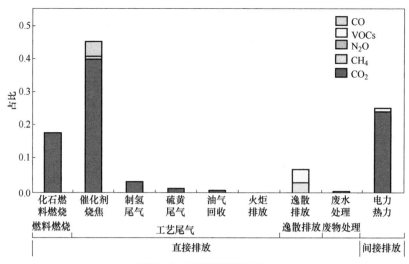

图 2-6　各类别碳排放占比

① 从排放源类别方面来看，直接排放是全厂主要碳排放形式，占比 74.50%，电力热力等间接排放占比 25.50%。直接排放中，催化剂烧焦、化石燃料燃烧、逸散排放及制氢尾气是主要贡献源，分别占全厂总碳排放的 45.31%、17.76%、6.84%、2.99%。在目前石油炼制行业碳排放研究中，由于数据获取限制性，往往仅考虑能源相关碳排放量[30]。根据本案例核算结果，能源相关的电力热力消耗及燃料燃烧总占比仅为 43.26%，与实际排放总量有较大差异。催化剂烧焦过程、电力热力的使用、化石燃料燃烧及逸散排放是该厂今后碳减排的重点源。

② 从排放气体类型来看，CO_2 是主要贡献因子，占比 86.24%，主要来自催化剂烧焦、电力热力消耗及化石燃料燃烧过程。其次是 VOCs，占比 5.00%，主要来自逸散排放中各生产过程设备泄漏、油品储运、循环冷却系统、废水处理等。CO 相关碳排放占比 4.44%，主要来源于催化剂烧焦过程。甲烷对碳排放的贡献是 4.02%，其中 74% 来自逸散排放源，21% 来自催化剂烧焦过程。N_2O 对石油炼制过程碳排放贡献较小（0.36%），可忽略不计。总体来看，在碳减排措施制定过程中，除 CO_2 外，VOCs、CO 及甲烷也是重点关注对象。

2.4.3.2　工业过程排放特征

从工业过程角度分析碳排放特征，可实现全厂碳排放的"白箱"化及"源解析"，有助于企业选择更利于碳减排的装置组合。图 2-7（彩图见书后）显示了各生产装置不同排放类别及温室气体的排放特征。

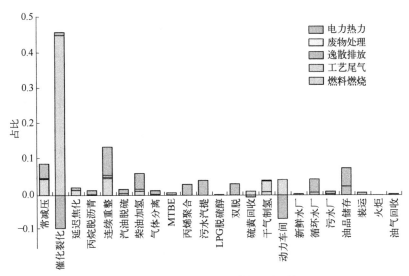

图2-7 生产装置水平碳排放类别贡献

催化裂化由于催化剂烧焦再生工序，成为全厂碳排放量最大的装置，催化烧焦烟气能量回收用于生产蒸汽过程可减少该装置的一部分碳排放负担。其次是连续重整、常减压、油品储存及柴油加氢装置，以上装置共占全厂总排放的77%。除催化裂化、油品储存装置外，燃料燃烧和电力热力 CO_2 的排放是其他各装置碳排放的重要贡献因子。催化裂化碳排放主要来源于催化剂烧焦的 CO_2 及 CO 排放（图2-8，彩图见书后）。

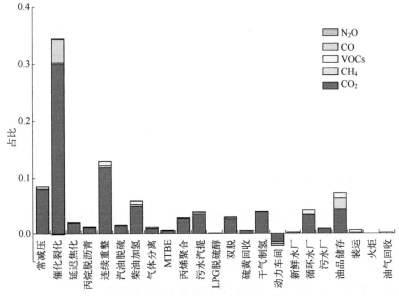

图2-8 生产装置水平碳排放气体贡献

对于油品储存装置，除电力热力外，逸散排放的甲烷及 VOCs 是碳排放的另一主要原因。如何降低催化裂化、连续重整、常减压、柴油加氢及油品储存装置的碳排放量是企业实现碳减排目标的关键。

表 2-18 核算了企业关键炼油装置碳排放系数（碳排放量与原料加工量比值）。对于重油轻质化的相关装置，催化裂化碳排放系数是延迟焦化装置的 8.79 倍。精制阶段，连续重整（包含苯抽提）排放系数最大，也是全厂排放系数最大的炼油装置，其次为丙烷脱沥青、柴油加氢，采用化学吸附的汽油脱硫装置碳排放系数最小。随着原油劣质化日趋严重及油品质量要求不断提高，加氢精制过程加工能力与一次加工能力比例逐渐提升。虽然加氢精制装置碳排放系数不是最大，但该过程会导致氢气需求量的增大，而制氢装置是炼油企业中碳排放较大的装置，占全厂碳排放量 4%~8%。如何减少制氢装置的碳排放是今后关注的重点之一。相比世界炼油行业二次加工装置结构比例，适当降低我国碳排放系数较高的催化裂化占比，提高碳排放系数相对较低的加氢精制装置加工能力是减少炼油行业碳排放量的有效途径。

表 2-18　企业关键炼油装置碳排放系数

装置名称	碳排放系数 / (t CO₂eq/t 原料)	装置名称	碳排放系数 / (t CO₂eq/t 原料)
常减压	0.027	连续重整	0.286
催化裂化	0.255	汽油脱硫	0.024
延迟焦化	0.029	柴油加氢	0.045
气体分离	0.040	丙烷脱沥青	0.088
MTBE	0.018	干气制氢	6.554[1]

① 制氢装置碳排放系数单位为 t CO₂eq/t 氢气。

2.4.4　对比分析

2.4.4.1　不同核算体系核算差异

分别采用目前国内比较通用的《2006 年 IPCC 指南》、《省级温室气体清单编制指南（试行）》（简称《省级指南》）、《中国石油化工企业温室气体排放核算方法与报告指南》（简称《石化指南》）碳排放核算体系对该案例进行核算，以与本书建立方法的核算结果进行比较分析，具体核算结果如表 2-19 所列。

表 2-19　不同核算体系核算结果

排放类别	核算结果						
	本书方法 /t	《石化指南》 /t	低估 /%	《省级指南》 /t	低估 /%	《2006 年 IPCC 指南》/t	低估 /%
燃料燃烧	268402	264142	0.28	264524	0.26	264524	0.26
催化剂烧焦	684793	651025	2.26	—	45.75	—	45.75
制氢尾气	45212	45212	0.00	—	3.02	—	3.02
硫黄尾气	1764	—	0.12	—	0.12	—	0.12
油气回收	3982	—	0.27	—	0.27	—	0.27
火炬排放	23	23	0.00	—	0.00	—	0.00
逸散排放	103333	—	6.90	7500	6.40	20450	5.54
废水处理	3858	—	0.26	420	0.23	420	0.23
电力热力	385362	369982	1.03	397095	-0.78	—	25.75
合计	1496729	1330384	11.11	669539	55.27	285394	80.93

由表 2-19 可知，不同核算体系核算结果差别较大，《石化指南》《省级指南》《2006 年 IPCC 指南》核算结果分别低于本方法 11.11%、55.27%、80.93%。《石化指南》与本书方法存在差异的原因包括未核算硫黄回收排放源、逸散排放源，未核算非 CO_2 碳排放及非本地化的催化剂烧焦碳氧化率。相比本书核算方法，《省级指南》未考虑工艺尾气排放源，尤其是催化剂烧焦过程，导致两者核算结果相差 45.75%；另外《省级指南》逸散源仅考虑了甲烷排放，未核算 VOCs 排放量及采用不够精准的电力热力排放系数也是两者存在差距的原因。而对于《2006 年 IPCC 指南》，未识别工艺尾气源及不包含电力热力间接排放源是导致与本书方法核算结果差异较大的主导因素。不同核算体系核算结果的对比分析也间接证明了本书构建核算方法的全面性、精准性。目前对炼油厂碳排放进行估算的相关文献研究也存在类似的上述问题，如表 2-20 所列，大多未涵盖逸散排放、废物处理、油气回收、硫黄尾气等排放源，且只核算了 CO_2 温室气体，采用缺省氧化系数或排放系数等。

表 2-20　不同文献核算不同排放类别碳排放量占比

排放类别	本书	马敬昆等[20]	孟宪玲[21]	刘小平等[42]	李煜等[13]
燃料燃烧	17.93%	36.66%	51%	33.50%	79.20%

排放类别	本书	马敬昆等[20]	孟宪玲[21]	刘小平等[42]	李煜等[13]
催化剂烧焦	45.75%	28.92%	27%	33.50%	79.20%
制氢尾气	3.02%	8.02%	7%	—	
硫黄尾气	0.12%	—	—	—	—
油气回收	0.27%	—	—	—	—
火炬排放	0.00%	—	—	—	—
逸散排放	6.90%	—	—	—	—
废水处理	0.26%	—	—	—	—
电力热力	25.75%	26.40%	15%	33%	20.80%
合计	100.00%	100%	100%	100%	100%
排放系数 / (t/t)	0.30	0.21	0.30	0.25	—

2.4.4.2 不同核算方法核算差异

《石化指南》碳排放核算体系是我国目前发布的核算石油炼制过程碳排放方法中应用较为普遍的，基本涵盖了炼制过程主要的排放源及常用的核算方法，与本书核算结果差异也是最小的。因此，本书以《石化指南》为例，对两者核算结果偏差较大的逸散排放源及催化剂烧焦源核算方法进行了比较分析。

（1）逸散排放源

逸散排放源主要排放甲烷及 VOCs，甲烷的核算方法与 VOCs 相同，目前国内比较关注 VOCs 排放问题，因此对 VOCs 的不同方法核算结果进行比较分析。

对现有的炼油企业 VOCs 源排放系数进行了汇总（表 2-21），总体来看不同国家不同核算方法核算结果差别较大。北京、美国环保署（EPA）、联合国政府间气候变化专门委员会（IPCC）及欧洲环境署（EEA）排放系数为行业平均值，本书方法、《排查指南》及文献研究排放系数都是案例核算结果。我国对 VOCs 排放的研究工作起步较晚，基础研究较为薄弱，目前还尚未建立本地化国家层面的排放系数。北京、EPA、IPCC 及相关文献研究获取的排放系数较大，处于同一数量级，但相关报告中未提供具体的 VOCs 核算方法及核算范围，难以进行比较。文献研究中，Wei 等[43]（排放系数 1.44）通过监测炼油厂厂界 VOCs 浓度，采用 ISC3 模型获得了 VOCs 排放速率。但该方法将炼油厂作为一个"黑箱"，无法获取具体生产装置排放量，同时该模型在应用时仍存在较多不确定性。其他文献的排放系数通过实地调研获取，但同样未提供具体的核算方法，且案例的具体信息难以获知，无法进行比较分析。《排查指南》与本书方法对同一案例同样的边界进行核算，其结果略低于本书方法，其差异主要来源于生产装置及罐区排放源。

表 2-21 炼油企业不同 VOCs 源排放系数

排放源	排放系数/（kg/t 原油）						
	本书方法	《排查指南》	北京①	EPA	IPCC	EEA③	文献研究
炼油厂	0.48	0.39	1.70	1.82②	1.3	0.07 ~ 0.61	1.44[43]、1.08 ~ 2.65
生产装置	0.22	0.07	—	—	—	—	0.07[44]、0.08[45]

① 北京市《挥发性有机物排污费征收细则》。
② 来源于《城市大气污染物排放清单编制技术手册》（简称《技术手册》）[46]统计的 EPA 数据。
③ EMEP/EEA air pollutant emission inventory guidebook 2019[47]。

对于生产装置源的 VOCs 排放量，目前研究非常缺乏，未能收集到行业层面生产装置源 VOCs 排放系数。相关文献的核算结果是采用《排查指南》中 LDAR+方程参数/排放系数核算的，但因无法确定文献中所用案例的具体参数，故与本书案例核算结果不进行对比分析。采用《排查指南》核算方法对本书案例生产装置源 VOCs 排放量进行核算，结果是本书方法的 1/3 左右。数值较低的可能原因包括监测浓度的瞬时性、经验参数的取值、密封点可达性等。排放浓度的瞬时性不能很好地代表年度平均排放水平，国内外设备构造、维修水平等不同造成经验参数取值差异，不可达法兰或连接件数量及排放浓度估算值等都可能会增加结果的不确定性。本书建立的油料平衡模型是基于企业实际测量的年度总输入输出数据进行核算，可以减少瞬时浓度、国内外参数差异及密封点数量估算不全等带来的影响，同时可根据全厂总输入输出情况对各装置损失情况准确性进行宏观把控。

对于罐区排放源，各产品排放系数受产品储罐类型、周转量、储存温度、油品性质等影响较大，现有研究结果如表 2-22 所列。《城市大气污染物排放清单编制技术手册》（简称《技术手册》）、《散装液态石油产品损耗》（GB/T 11085—89）（简称

《损耗标准》）及 EEA 系数皆为行业系数，其他方法提供系数皆为案例研究结果。由于文献研究结果未提供核算信息及储罐信息，在此不进行分析。本案例《石油库节能设计导则》（简称《设计导则》）、《排查指南》为同一案例核算结果，可进行比较分析。两者核算结果除柴油外，其他产品储存 VOCs 排放系数皆低于行业系数。柴油罐 VOCs 排放系数差异可能与储罐类型有关，本案例中柴油罐为固定顶罐，行业中柴油除了采用固定顶罐储存外，还有部分浮顶罐。本案例中若采用浮顶罐储存柴油，柴油 VOCs 排放系数核算为 0.019 ~ 0.041，远低于固定顶罐（表 2-23）。《设计导则》总体核算结果是《排查指南》的 2 倍左右，主要归因于两者对固定顶罐及内浮顶罐的核算公式不同，重要参数真实蒸气压的核算公式也不同，浮顶罐浮盘附件损耗系数也有一定的差异。

表 2-22　罐区源不同 VOCs 排放系数

产品储罐	排放系数/（kg VOCs/t 周转）					
	《排查指南》	《设计导则》	《技术手册》	《损耗标准》	EEA	文献研究
柴油	0.261	0.506	0.05	—	—	0.161[48]、8.272
原油	0.050	0.077	0.12	0.123	—	0.171[48]、0.082
汽油	0.042	0.121	0.16	0.156	0.1 ~ 0.4	0.064[48]
合计	0.092	0.185	—	—	—	0.5[49]

表 2-23　不同产品不同类型储罐的 VOCs 排放系数

储存产品	排放系数/（kg VOCs/t 周转）			
	固定顶罐	内浮顶罐	外浮顶罐	平均
柴油	0.306	0.041	0.019	0.261
原油	—	—	0.049	0.050
汽油	—	0.042	—	0.042
MTBE	—	0.370	—	0.370
苯	—	0.097	—	0.097
催化汽油	—	0.120	—	0.120
石脑油	—	0.042	—	0.042
含蜡油	0.071	—	—	0.071
渣油	0.003	—	—	0.003
减压重油	0.000	—	—	0.000

（2）催化剂烧焦源

采用实测法、《石化指南》方法对本案例进行核算，以便与本书方法核算结果比较分析。实测法是指通过监测烟气流量及污染物排放浓度确定排放量的方法；《石化指南》方法是通过烧焦含碳量及默认碳氧化率（0.98）确定；本书在《石化指南》方法基础上，通过烧焦烟气除尘过程产生废渣含碳量及烟气排入大气中的污染物排放比例确定烧焦过程碳氧化率，同时根据各污染物碳元素排放浓度比例确定各污染物排放量。由表2-24可知，实测法核算结果最小，仅为本书核算方法结果的7.3%，可归因于有限次数的废气量、不能代表全年排放水平的污染物浓度。《石化指南》中采用默认氧化率且未考虑非二氧化碳形式的碳排放，低估了4.6%的碳排放。

表2-24 不同方法核算催化剂烧焦碳排放结果

GHGs 名称	排放量/（t/a）		
	本书方法	实测法	《石化指南》
CO_2	597446	43653	645754
CO	36914	2697	—
CH_4	424	31	—
VOCs	707	9	—
合计（CO_2eq）	676658	49439	645754

第3章

行业层面碳排放核算及年际变化分析

如何将企业层面碳排放量上升到行业层面是石油炼制碳排放的一个难点。目前企业、行业层面的碳排放核算研究及我国开展的碳核查活动都是基于排放类别进行统计核算，极少研究从工业过程层面进行核算。基于排放类别获取的各类别碳排放系数应用范围比较局限，难以应用到不同企业或行业层面。另外，现有的行业层面关于碳排放文献研究大多基于能源消耗核算石化行业或石油炼制、炼焦及核燃料加工业碳排放情况，忽略了过程源、逸散源，且未单独核算石油炼制行业碳排放情况。针对以上问题，本章从工业过程及排放类别角度提出了行业层面碳排放核算方法；采用基于排放类别核算方法对我国石油炼制行业 2000~2017 年碳排放量进行了核算，相比目前研究，增加了行业烧焦源及逸散源碳排放，并尽量将石油炼制单独核算；根据碳排放核算结果，结合各阶段行业碳排放政策及减排措施的实施，从碳排放量、碳排放系数、碳排放强度三个角度定性分析了行业碳排放年际变化特征及减排措施的实施效果；采用对数平均迪氏指数法（LMDI）模型，量化了加工规模、能源效率、能源结构、排放系数对碳增量的贡献，分析其对行业碳增量贡献的年际变化特征，反映目前行业碳减排存在的问题及瓶颈，识别行业碳减排重点。

3.1 碳排放核算方法

3.1.1 基于工业过程核算方法

基于工业过程核算方法是以具体工业过程为单元自下而上核算行业碳排放的方法。该方法根据碳排放量影响因素将各工业过程划分为不同类别，采用各工业过程行业层面不同类别的处理/产品量及对应的碳排放系数核算各工业过程碳排放总量，进而获取石油炼制行业总碳排放量。

（1）影响因素

目前已有部分关于石油炼制行业碳排放影响因素的研究，本书对现有文献研究结果进行了汇总分析，确定了工业过程类别划分方法。

马敬昆等[20]通过对 2005 年中国石油化工集团有限公司（简称中石化）34 家炼油厂的二氧化碳排放情况分析发现，燃料化工型炼油厂二氧化碳排放系数比燃料型炼油厂低 10%左右，大规模炼油厂直接碳排放系数较低，炼油厂加工流程越复杂、单因能耗越大的企业碳排放系数越大，加工原料的硫含量越高、API 度越小的企业碳排放量越大，脱碳工艺碳排放系数要小于加氢工艺流程。孟宪玲[21]通过对我国中石化企业碳排放的影响因素研究也得出了类似结论。

Xie 等[30]通过对我国石油加工及炼焦业的 CO_2 排放驱动因素分析发现，人均产出、能源强度、工业规模对碳排放量的增加有明显的促进作用。

Han 等[50]对美国及欧洲的 60 家大型炼油厂的能源效率及 GHGs 排放情况进行了比较分析，提出加工重质原油、重油产品占比低的炼油企业比加工轻质原油、重油产品占比高的企业能源效率低、GHGs 排放量大。

Karras[51]通过对美国 1999 ~ 2008 年 97%以上的炼油企业加工劣质原油导致的燃烧排放情况分析发现，原油密度及硫含量的不同导致不同区域、不同年份 85%的二氧化碳排放强度（吨原油 CO_2 排放量）差异。

沈浩[27]对 2004 ~ 2009 年中石化 24 家炼油企业的 CO_2 排放强度进行分析发现，大型规模组（＞800 万吨）、中等规模组（400 万 ~ 800 万吨）、小型规模组（＜400 万吨）的平均 CO_2 排放强度（吨/万元产值）分别为 0.491、0.564、0.65。

孙仁金等[52]提出在同等规模下，单套装置比双套、三套装置分别减少能耗约 19%、29%，减少能耗即减少了碳排放。

综上，影响炼油企业碳排放量的因素包括生产规模、原料性质、加工流程、重油产品占比、人均产出、能源强度、炼化一体化等。其中人均产出、能源强度类因素为经济相关指标，经济因素对碳排放的影响大多通过生产规模、燃料消耗量等因素实现，与碳排放的直接关联不密切，偏向于外部因素驱动的宏观影响。上述研究中加工流程、重油产品占比、炼化一体化因素是对于企业而言的，当以工业过程为基本核算单位时，以上因素影响较小。除以上因素外，各工业过程采用的工艺流程、工艺技术不同，碳排放量也不同。如气体分馏装置，三塔流程和四塔流程消耗的能量是不同的，碳排放量也因此不同；硫酸法烷基化及氢氟酸法烷基化能源消耗量相差也较大。因此，本书工业过程类别划分的依据包括生产规模、原料性质、工艺流程、工艺技术。

（2）核算方法

基于工业过程的行业层面碳排放核算公式如式（3-1）、式（3-2）所示：

$$E_{行业,过程} = \sum_i E_{过程,i} \qquad (3\text{-}1)$$

$$E_{过程,i} = \sum_i (AD_{过程,i} \times EF_{原料、规模、技术、流程,i}) \qquad (3\text{-}2)$$

式中　　$E_{行业,过程}$——基于工业过程的行业碳排放量，t CO₂eq；

$\qquad E_{过程,i}$——工业过程 i 的碳排放量，t CO₂eq；

$\qquad AD_{过程,i}$——行业层面工业过程 i 的原料处理量或产品量，t；

$EF_{原料、规模、技术、流程,i}$——不同原料、规模、技术、流程下工业过程 i 的碳排放系数，t CO₂eq/t 处理量或产品量。

3.1.2　基于排放类别核算方法

基于排放类别核算方法是目前常用的行业碳排放核算方式。该方法以排放类别为基本单位自上而下核算行业层面碳排放，通过核算各排放类别行业层面活动水平及各类别对应的碳排放系数确定行业碳排放量。本书排放类别划分方法根据第 2 章内容确定，核算公式如式（3-3）~式（3-8）所示：

$$E_{行业,类别} = E_{行业,燃料燃烧} + E_{行业,工艺尾气} + E_{行业,逸散排放} + E_{行业,废物处理} + E_{行业,间接排放} \qquad (3\text{-}3)$$

$$E_{行业,燃料燃烧} = \sum_f AD_{行业,f} \times EF_f \qquad (3\text{-}4)$$

$$\begin{aligned} E_{行业,工艺尾气} = {} & AD_{行业,烧焦} \times EF_{烧焦} + AD_{行业,氢气} \times EF_{氢气} + \\ & AD_{行业,硫黄} \times EF_{硫黄} + AD_{行业,原油加工量} \times EF_{其他} \end{aligned} \qquad (3\text{-}5)$$

$$E_{行业,逸散排放} = AD_{行业,原油加工量} \times EF_{行业,CH_4,VOCs} \qquad (3\text{-}6)$$

$$E_{行业,废物处理} = AD_{行业,废水} \times EF_{废水} + AD_{行业,焚烧} \times EF_{焚烧} \qquad (3\text{-}7)$$

$$E_{行业,间接排放} = AD_{行业,净耗电力热力} \times EF_{电力、热力} \qquad (3\text{-}8)$$

式中　　$E_{行业,类别}$——基于排放类别的行业总碳排放量，t CO₂eq；

$\qquad E_{行业,燃料燃烧}$——燃料燃烧源排放量，t CO₂eq；

$\qquad E_{行业,工艺尾气}$——工艺尾气源排放量，t CO₂eq；

$\qquad E_{行业,逸散排放}$——逸散排放源排放量，t CO₂eq；

$\qquad E_{行业,废物处理}$——废物处理源排放量，t CO₂eq；

$\qquad E_{行业,间接排放}$——间接排放源排放量，t CO₂eq；

$\qquad f$——不同燃料类型；

AD ——各排放源行业层面活动水平；

EF ——各排放源对应的碳排放系数。

3.1.3 核算方法优劣势分析

从精准性、应用范围方面来看，基于工业过程核算方法可精细到工业过程层面，核算结果更为准确，基于工业过程核算的碳排放系数可直接在不同企业及行业层面应用，且在较长的时间范围内都有一定的参考价值；而基于排放类别获取的排放系数普适性不高，应用范围及时间比较局限。由于加工原油类型、产品要求等因素，不同炼油企业采用不同的加工方案，具体企业的某排放类别的碳排放系数只适用于自身，行业及其他企业间难以直接借鉴类比。如逸散排放源类别，加工原油量相同的两个企业，流程较长的企业逸散排放源碳排放系数（吨原油逸散排放源碳排放量）必然大于流程短的企业；若以吨原油燃料燃烧碳排放量表示燃料燃烧源碳排放系数，也同样存在以上问题。另外，基于排放类别的碳排放系数在一定时间内就需要更新，如企业扩大生产规模或延伸工艺流程等，各类别排放系数皆会受到影响；而基于工业过程的碳排放系数则不会受以上因素影响。因此，针对石油炼制企业行业碳排放统计核算，本书优先推荐基于工业过程核算方法。

但目前开展的工业过程层面的文献研究及数据统计资料较少，基于排放类别的核算方法更易进行，如《中国能源统计年鉴》《中国工业统计年鉴》统计了行业层面部分活动水平；而各工业过程层面的碳排放系数需开展大量的现场调研。石油炼制行业工业过程多、各工业过程类别多样，在有限的时间内较难获取，需政府、企业及科研单位共同努力。鉴于此，本书采用基于排放类别核算方法对石油炼制行业2000～2017年碳排放量进行核算。

3.2 行业碳排放数据收集

基于现有石油炼制行业数据统计资料，采用排放类别估算法对我国石油炼制行业2000～2017年碳排放情况进行核算分析。本书基于排放类别核算方法的核算范围包括燃料燃烧源、工艺尾气源（催化剂烧焦）、逸散排放源及电力热力源（间接排放源）。相比目前文献中石油炼制行业层面碳排放核算结果，增加了催化剂烧焦、逸散排放。

3.2.1 燃料燃烧源

燃料燃烧源碳排放核算所需参数为行业各类燃料消耗量及对应的含碳气体排放系数。

（1）燃料消耗量

目前石油炼制过程中用以提供热量的主要燃料类型为炼厂气、天然气、燃料油、液化石油气（LPG）等，部分企业消耗少量的燃煤、烟煤、水煤浆等相关能源生产电力或蒸汽；移动源消耗燃料大多为汽油、柴油。

《中国能源统计年鉴》（2001~2018年）提供了2000~2017年石油加工、炼焦及核燃料加工业的煤及油品类能源消耗总量（实物量），该统计指标同时包含了炼焦行业能源消耗量。考虑到多数炼油企业能源结构以油品类为主，而炼焦行业以煤类能源为主，因此本书中石油炼制行业能源类型不再考虑煤相关能源。本次核算的化石燃料类型包括炼厂气、天然气、燃料油、液化石油气、汽油、柴油、煤油。

（2）排放系数

各燃料燃烧过程各污染物排放系数如表3-1所列。

表3-1　燃料相关污染物排放系数

燃料类型	低位发热量/(MJ/t 或 MJ/10⁴ m³)	单位热值含碳量/(g C/MJ)	碳氧化率/%	排放系数/(0.0001t/t 或 0.0001t/10⁴m³)				
				CO_2	CH_4	N_2O	CO	VOCs
燃料油	41868	21.1	98	3.17	1.26	0.25	6.00	28.80
汽油	43070	18.9	98	2.93	0.43	0.26	6.00	1.30
煤油	43070	19.6	98	3.03	1.29	0.26	6.00	1.30
柴油	42652	20.2	98	3.10	1.28	0.26	6.00	1.30
炼厂气	39775	18.2	99	2.63	0.40	0.04	0	0
液化石油气	50179	17.2	99	3.13	0.50	0.05	3.60	330.00
天然气	389310	15.3	99	21.62	11.70	0.39	93.60	8.64

注：低位发热量来源于《中国能源统计年鉴2018》；单位热值含碳量、碳氧化率来源于《石化指南》；CO_2排放系数根据低位发热量、单位热值含碳量及碳氧化率核算；CH_4、N_2O排放系数根据《2006年IPCC国家温室气体清单指南》核算；CO、VOCs排放系数来源于《城市大气污染物排放清单编制技术手册》。

3.2.2 工艺尾气源

工艺尾气源（催化剂烧焦）碳排放核算所需参数为催化剂烧焦量及含碳气体排放系数。目前核算催化剂烧焦量的方法主要有公式法、物料平衡法、碳平衡法。公式法是通过监测烧焦烟气中 CO、CO_2、O_2 浓度及烟气量、主风量等参数，根据空气中氮平衡计算烧焦量。从行业层面来说，不同装置反应再生技术、设备类型、工艺条件不同，故难以通过烟气中污染物浓度及烟气量等参数确定行业平均水平。物料衡算法是根据工业过程输入物料总量及输出产品量的差值确定烧焦量，但该差值除烧焦量外还包含了进入废水、废气及固体废物中物料的损失量。碳平衡法是通过再生前后催化剂碳差值及剂油比确定烧焦量，该方法是具体工序层面的元素平衡法，能更准确地分析碳元素流动情况。综合考虑核算结果的准确性及数据可获取性，本书采用碳平衡法核算行业层面烧焦量。

碳平衡法的基本原理及具体核算过程如下。式（3-9）、式（3-10）为烧焦过程碳元素平衡公式，通过式（3-10）将 $MC_{待生}$ 以 $MC_{再生}$ 表示并代入式（3-9），再引入原料加工量参数［式（3-11）］，得到烧焦量与原料加工量、剂油比、含碳率的关系式（3-12）。根据目前研究文献，催化裂化装置总体剂油比在 3%~12% 之间[53-55]；催化剂在离开反应器时待生催化剂上含碳量（质量分数）约为 1%，在再生器内烧去积炭后，分子筛型再生催化剂含碳量一般降至 0.2% 以下[56]。本书中待生及再生催化剂含碳量分别取值 1%、0.2%，则烧焦量与原料加工量的比值范围为 0.024~0.097。另外，对 2017 年 30 家炼油企业催化裂化装置（≥100 万吨/年，19 套；<100 万吨/年，14 套）的烧焦量及原料加工量比值进行现场调研（表 3-2），获得该比值平均值为 0.075，故本书采用 0.075 作为烧焦量/原料加工量比值，最终烧焦量核算如式（3-13）所示。

$$AD_{烧焦量}=MC_{待生} \times CF_{待生} - MC_{再生} \times CF_{再生} \tag{3-9}$$

$$MC_{待生} \times (1-CF_{待生}) = MC_{再生} \times (1-CF_{再生}) \tag{3-10}$$

$$AD_{烧焦量}=Q_{加工量} \times (MC_{再生} / Q_{加工量}) \times (CF_{待生} - CF_{再生}) / (1-CF_{待生}) \tag{3-11}$$

$$AD_{烧焦量}=Q_{加工量} \times \gamma_{剂油} \times (CF_{待生} - CF_{再生}) / (1-CF_{待生}) \tag{3-12}$$

$$AD_{烧焦量}=0.075Q_{加工量} \tag{3-13}$$

式中　$MC_{待生}$、$MC_{再生}$ ——待生催化剂量及再生催化剂量，t；

$CF_{待生}$、$CF_{再生}$ ——待生催化剂中碳含量、再生催化剂中碳含量（质量分数），%；

$Q_{加工量}$ ——催化裂化装置原料加工量，t；

$\gamma_{剂油}$ ——剂油比，再生催化剂量与原料加工量之比，%。

表 3-2　2017 年 30 家炼油企业 33 套催化裂化装置烧焦量与原料加工量比值调研结果

序号	1#	2#	3#	4#	5#	6#	7#	8#	9#	10#	11#
烧焦量/原料加工量	0.156	0.078	0.108	0.078	0.090	0.026	0.044	0.091	0.108	0.080	0.026
序号	12#	13#	14#	15#	16#	17#	18#	19#	20#	21#	22#
烧焦量/原料加工量	0.091	0.121	0.100	0.089	0.049	0.075	0.078	0.063	0.054	0.069	0.041
序号	23#	24#	25#	26#	27#	28#	29#	30#	31#	32#	33#
烧焦量/原料加工量	0.072	0.060	0.041	0.082	0.064	0.089	0.069	0.095	0.064	0.077	0.044

催化裂化装置原料加工量通过行业一次加工量及催化裂化装置加工能力与一次加工能力占比确定。炼油行业 2000～2017 年原油加工量来源于《中国能源统计年鉴》；2000～2007 年、2008～2009 年催化裂化一次加工能力占比来源于网络统计资料[57]、相关文献[58,59]等，2010 年参照 2009 年比例确定，2011～2017 年催化裂化装置二次加工能力与一次加工能力占比来源于《国内外油气行业发展报告》。

催化剂烧焦过程污染物排放系数如表 3-3 所列。根据案例核算结果，本书假定烧焦过程仅排放 CO_2、CO，碳氧化率为 98%，剩余碳默认皆为 CO。

表 3-3　催化剂烧焦过程污染物排放系数

排放源	含碳量/%	CO_2		CO	
		γ_{CO_2}/%	排放系数/(t CO_2/t)	γ_{CO}/%	排放系数/(t CO/t)
催化剂烧焦	100	98	3.59	2	0.05

3.2.3　逸散排放源

逸散排放源碳排放核算所需参数为行业原油加工量及含碳气体排放系数。原油加工量来源于《中国能源统计年鉴》原油平衡表，排放系数包括甲烷排放系数及各 VOCs 成分排放系数，具体如下：

$$EF_{逸散, VOCs} = \frac{E_{VOCs}}{Q_{原油}} \tag{3-14}$$

$$EF_{逸散, CH_4} = \frac{E_{VOCs}}{Q_{原油}} \times \frac{C_{CH_4}}{C_{VOCs}} \tag{3-15}$$

式中　$EF_{逸散, VOCs}$、$EF_{逸散, CH_4}$——逸散排放源 VOCs、CH_4 排放系数，t/t；

E_{VOCs}、$Q_{原油}$——行业 VOCs 排放量及原油加工量，t；

$\dfrac{C_{CH_4}}{C_{VOCs}}$——逸散排放源 CH_4 排放浓度与 VOCs 排放浓度比例。

根据生态环境部公布的排污许可信息对我国石油炼制行业 VOCs 排放系数进行估算。全国排污许可证管理信息平台公布了我国各行业重点企业允许排放的污染物产生量、排放量信息，其中涉及炼油企业 VOCs 排放信息包括有组织 VOCs 排放量及设备管线与组件、产品装载、油品储存的无组织排放量，且采用的是《石化行业 VOCs 污染源排查工作指南》中所列方法。本书以 2017 年为基准年，统计了 63 家全国排污许可证管理信息平台公布的石油炼制企业无组织 VOCs 排放情况，其中 19 家隶属于中国石油天然气集团有限公司（简称中石油）、26 家隶属于中国石油化工集团有限公司（简称中石化）、18 家大型地方炼油企业，总加工规模为 58020 万吨/年，占 2017 年全国总炼油能力的 75%。根据 63 家企业无组织 VOCs 排放情况，确定石油炼制行业 2017 年吨原油 VOCs 无组织排放量为 0.33kg，见表 3-4。

表 3-4　石油炼制企业 2017 年 VOCs 排污许可统计核算结果

项目	企业数量	原油加工量 /(10^4t/a)	无组织 VOCs 排放量 /(t/a)	无组织 VOCs 排放系数 /(kg/t)
中石化	26	19309	56748	0.29
中石油	19	11755	50424	0.42
地方企业	18	11696	34220	0.29
合计	63	42760	141392	0.33（平均）

不同年份炼油企业对 VOCs 管理水平及控制力度不同，吨原油 VOCs 排放量也不同。国家统计数据的石油平衡表中提供了 2000～2017 年炼油损失量。该损失量是指炼油过程中投入的能源数量与产出的能源数量之差，大部分来源于 VOCs 无组织挥发损失，反映了我国炼油行业不同年份的 VOCs 控制水平。因此，本书根据 2017 年炼油损失量与估算的吨原油 VOCs 排放量的比例，估算了 2000～2016 年炼油损失量对应的吨原油 VOCs 排放量。

对典型炼油企业不同生产装置无组织 TVOCs 进行采样，并分析其甲烷与 VOCs

排放浓度比例,结果如表3-5所列。根据分析结果取平均值确定C_{CH_4}/C_{VOCs}值为0.77,2000~2016年石油炼制行业逸散排放源VOCs及甲烷排放系数结果如表3-6所列。

表3-5 典型企业不同生产装置无组织排放甲烷与VOCs浓度比值

装置序号	1#	2#	3#	4#	5#	6#	7#	8#	9#	10#
C_{CH_4}/C_{VOCs}	1.11	0.92	0.56	0.70	0.53	0.63	0.72	0.91	0.85	0.70
装置序号	11#	12#	13#	14#	15#	16#	17#	18#	19#	20#
C_{CH_4}/C_{VOCs}	0.67	0.56	0.66	0.77	0.82	0.80	0.79	0.84	0.85	1.02

表3-6 2000~2016年石油炼制行业逸散排放源碳排放系数核算结果

系数	单位	2000年	2001年	2002年	2003年	2004年	2005年
VOCs排放系数	0.1kg VOCs/t 原油	4.14	3.52	4.81	4.74	5.02	4.60
甲烷排放系数	0.1kg CH₄/t 原油	3.19	2.71	3.71	3.65	3.86	3.54
系数	单位	2006年	2007年	2008年	2009年	2010年	2011年
VOCs排放系数	0.1kg VOCs/t 原油	4.79	4.55	4.66	5.09	4.69	4.37
甲烷排放系数	0.1kg t CH₄/t 原油	3.69	3.50	3.59	3.92	3.61	3.37
系数	单位	2012年	2013年	2014年	2015年	2016年	2017年
VOCs排放系数	0.1kg VOCs/t 原油	4.43	3.86	4.13	4.09	3.40	3.30
甲烷排放系数	0.1kg CH₄/t 原油	3.41	2.97	3.18	3.15	2.62	2.54

3.2.4 电力热力源

电力热力源(间接排放源)碳排放核算所需参数为行业电力热力净消耗量及对应的排放系数。

《中国电力年鉴》(2001~2018年)统计了石油加工业2000~2003年用电量,2004~2017年提供的为石油加工、炼焦及核燃料加工业的总耗电耗热量。由于未能从其他年鉴获取石油炼制行业单独的电力热力消耗量,故通过扣除炼焦行业电力热力消耗量近似估算。根据《清洁生产标准 炼焦行业》(HJ/T 126—2003),吨焦耗电量、耗蒸汽量分别为30~40kW·h/t、0.20~0.4kg/t,本书取平均值35kW·h/t、0.3kg/t,根据《中国统计年鉴》焦炭产生量核算各年份炼焦行业电力热力消耗量。本书默认

《中国电力年鉴》提供的行业电力消耗量为行业净消耗量。

电力热力源碳排放气体主要为 CO_2，故本次核算仅考虑 CO_2 排放。热力碳排放因子采用《石化指南》推荐缺省值 0.11t CO_2/GJ。由于目前每年发布的《中国区域电网基准线排放因子》核算过程未考虑水电、核电等清洁低碳发电量，故本书对不同年份全国电力平均碳排放因子重新进行了核算。通过核算不同年份火力发电过程消耗能源的碳排放量与全国总供电量（火电、水电、核电、风电）比值，确定各年份电力碳排放因子，如式（3-16）所示。核算范围包括全国 30 个省份（不包括香港特别行政区、澳门特别行政区、西藏自治区和台湾省），以 2002 年、2005 年、2008 年、2011 年、2014 年、2017 年碳排放因子代表附近三年内我国电力碳排放水平。本书假设水电、风电及核电生产过程不产生碳排放，核算结果如表 3-7 所列。

$$EF_{电力,y} = \frac{\sum_y AD_{i,y} \times NCV_{i,y} \times EF_{C,i,y} \times OF_{i,y}}{EG_y} \tag{3-16}$$

式中　　$AD_{i,y}$ ——y 年全国用于火力发电的燃料 i 消耗量，来源于《中国能源统计年鉴》30 省份统计值；

　　　　$NCV_{i,y}$ ——燃料 i 的低位发热值，来源于《中国能源统计年鉴》；

　　　　$EF_{C,i,y}$ ——燃料 i 单位热值含碳量，来源于《2006 年 IPCC 国家温室气体清单指南》；

　　　　$OF_{i,y}$ ——燃料 i 的碳氧化率，来源于《省级温室气体清单编制指南（试行）》；

　　　　EG_y ——年份 y 全国总供电量，包括火电、水电、风电及核电，来源于《中国电力年鉴》。

表 3-7　2000~2017 年全国电力 CO_2 排放因子

年份	2000~2002 年	2003~2005 年	2006~2008 年	2009~2011 年	2012~2014 年	2015~2017 年
排放因子 /[(t CO_2)/(MW·h)]	0.8730	0.8502	0.7970	0.8386	0.7417	0.7530

3.2.5　行业工业增加值

在对行业碳排放强度分析时需要行业工业增加值参数，该值可从《中国统计年鉴》（以下简称年鉴）工业部分获取。其中，年鉴仅提供了 2000~2002 年行业工业增加值；自 2003 年开始仅对行业全部国有及规模以上非国有工业企业进行了统计，为确保前后统一，本书核算值皆为全部国有及规模以上非国有工业企业行业工业增加值；2004 年、2008~2012 年，年鉴未提供行业工业增值指标，根据年鉴对行业工业增加值指标的解释，采用生产法近似估算当年行业工业增加值，行业工业增加值=工业总产值-主营业务成本+本年应交增值税；2012 年后年鉴未提供工业总产值指标值，在尽量减少误差的情况下采用主营业务收入值替代工业生产总值。2015~2017 年，年鉴未提供当年应交增值税，根据 2008~2014 年核算结果，增值税对工业增加值贡献达 20%左右，对核算结果影响较大，在未能从其他资料获取该值的情况下，本书不再对 2015~2017 年碳排放强度进行核算。

3.3 行业年际变化动态分析

3.3.1 核算结果

根据以上建立的基于排放类别核算方法,对我国石油炼制行业 2000~2017 年的碳排放情况进行了核算，结果如表 3-8 所列。

表 3-8　2000~2017 年石油炼制行业各排放源排放量及贡献率

年份	碳排放量/10Mt				贡献率/%			
	燃料燃烧	催化剂烧焦	逸散排放	电力热力	燃料燃烧	催化剂烧焦	逸散排放	电力热力
2000	2.94	2.00	0.21	4.17	31.51	21.47	2.24	44.78
2001	2.98	2.02	0.18	4.34	31.29	21.26	1.87	45.58
2002	2.97	2.11	0.26	4.30	30.77	21.94	2.68	44.61
2003	3.42	2.22	0.28	4.14	34.00	22.08	2.78	41.14
2004	4.20	2.60	0.35	5.35	33.62	20.83	2.76	42.79
2005	3.92	2.83	0.33	5.00	32.46	23.43	2.74	41.37
2006	4.07	2.83	0.37	4.87	33.56	23.31	3.04	40.09
2007	4.23	2.82	0.37	5.56	32.61	21.72	2.85	42.82
2008	4.08	3.06	0.39	5.30	31.78	23.84	3.07	41.30
2009	4.28	3.02	0.47	5.86	31.39	22.16	3.44	43.01
2010	4.30	3.41	0.49	6.85	28.57	22.66	3.24	45.54

年份	碳排放量/10Mt				贡献率/%			
	燃料燃烧	催化剂烧焦	逸散排放	电力热力	燃料燃烧	催化剂烧焦	逸散排放	电力热力
2011	4.96	3.61	0.47	7.21	30.51	22.23	2.89	44.37
2012	5.08	3.89	0.50	6.70	31.42	24.04	3.12	41.42
2013	5.39	3.77	0.46	7.57	31.36	21.93	2.66	44.05
2014	5.86	3.84	0.52	8.10	32.00	20.94	2.83	44.24
2015	6.65	3.97	0.54	8.82	33.31	19.86	2.70	44.13
2016	6.98	4.23	0.47	9.36	33.16	20.12	2.22	44.50
2017	7.21	4.54	0.48	10.80	31.36	19.75	2.08	46.81

3.3.2 结果分析

本节结合各阶段行业政策变化及减排措施,对石油炼制行业 2000～2017 年的碳排放量、碳排放系数（t CO$_2$/t 原油）及碳排放强度（t CO$_2$/万元）变化趋势及政策措施的减排效果进行了定性分析。

（1）碳排放量

由图 3-1（彩图见书后）可知,直接排放是石油炼制行业碳排放的主要形式,平均占比 56.52%左右,间接排放（电力热力排放）占比 43.48%。燃料燃烧、催化剂烧焦是直接排放的主导因素,占直接排放量的 56.48%、38.68%,逸散排放占比 4%左右。从表 3-8 中各排放源的贡献率来看,2000～2017 年行业各排放源对碳排放贡献结构变化不大。

2000～2017 年,石油炼制行业碳排放量总体呈逐年增高趋势,碳排放量从 2000 年的 0.93 亿吨增长到 2017 年的 2.30 亿吨,增幅达 105%,年均增长率 5.46%,且增长幅度与原油加工量增长率基本类似。2000～2003 年,碳排放量增长缓慢,年均增长率 2.6%左右,原油加工量年均增速 5.58%;2003～2012 年,碳排放量有一定的波动,年均增长率 5.40%,原油加工量年均增速 7.63%,整体增速加快;2012～2017 年,原油加工量年均增速 4.9%,碳排放量稳定增长,年均增速 7.28%,超过原油加工量增速。由此可知,在原油加工量增速减缓的情况下,碳排放年均增量持续加大,尚未到达拐点。2016 年以后原油加工量及碳排放增长率更是呈现出上升趋势,这使得炼油行业节能减排形势格外严峻。

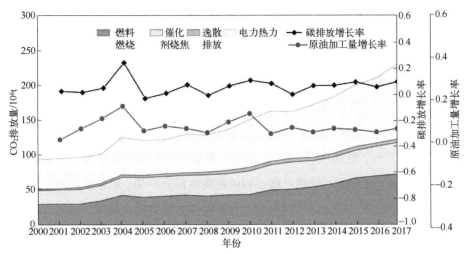

图3-1　2000~2017年石油炼制行业碳排放量及增长率图

（2）碳排放系数及碳排放强度

2000~2017年行业碳排放系数（碳排放量与原油加工量比值，t/t）及碳排放强度（碳排放量与行业工业增加值，t CO_2eq/万元）情况如图3-2所示。碳排放系数反映的是行业工艺升级、能耗变化、技术进步等因素对碳排放量的影响，碳排放强度除以上因素外还反映了经济因素的影响。

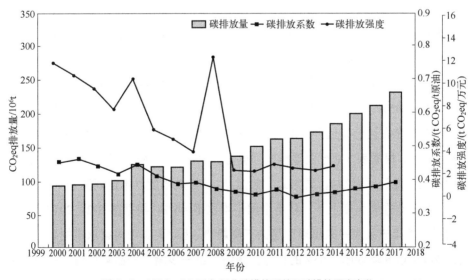

图3-2　2000~2017年行业碳排放系数及碳排放强度变化

2000～2017 年，行业碳排放系数呈现"先抑后扬"特征，2001～2003 年，碳排放系数逐年下降，2004 年小幅度提升后，2005～2012 年进一步波动式下降，但 2012 年之后却呈现出较稳定的递增趋势。2000～2012 年间，石油炼制行业在平均生产规模提升、产业大型化、布局集群化发展方面有了很大的改善，综合能耗从 85kgoe/t 左右降低到 69kgoe/t（kgoe 表示千克标准油）。在原油加工量快速增长的情况下，该阶段碳排放系数仍有一定程度的降低，说明规模化、集群化发展对节能减排有一定的效果，同时也反映了该阶段相比 2000～2003 年在提质增效方面达到了一个更高水平。2012 年后，随着原油进口权和使用权的放开，地炼炼油能力进一步提升；虽因产能过剩问题淘汰部分产能，但总体新增产能大于淘汰产能，原油加工能力的持续增加，导致碳排放量的快速增加。同时油品质量标准的日趋严格使得炼油企业加快了对生产工艺的转型升级，深加工、精加工装置规模不断扩增，加氢精制能力与一次加工能力比例从 2000 年的 12.05%大幅度提升到 2017 年的 44.33%，产业链的延伸是吨原油碳排放量进一步增大的原因之一。另外，该阶段的炼化一体化从简单分散的一体化开始发展为上下游产业物料交换、能源梯级利用、基础设施共享的紧密一体化形式[60]，该模式可提高能源资源的利用率，增加产品类型的灵活性，促进碳减排。但 2012 年后碳排放系数的上扬说明炼化一体程度还需进一步地发展和完善，以抑制碳排放系数的上升趋势。

碳排放强度方面，2000～2009 年整体呈明显下降态势，2009 年后较为平稳。其中，2004 年、2008 年出现大幅度的增高，推测与国际油价变化有关，当油品销售量低且油价低时会导致碳排放强度增高。我国碳减排目标的制定大多以碳排放强度为基础，2009 年，我国向国际社会承诺"到 2020 年单位 GDP CO_2 排放比 2005 年下降 40%～45%"；2015 年，中国政府在"国家自主贡献"中提出中国 CO_2 排放 2030 年左右达到峰值并争取尽早达峰，单位 GDP CO_2 排放比 2005 年下降 60%～65%。根据表 3-9 行业碳排放强度与国家总体水平对比分析可知，2010 年石油炼制行业经"调结构、转方式"等措施，碳排放强度基本达到国家平均水平；但 2014 年碳排放强度上升，超出全国平均水平 46%。根据图 3-2，2010～2014 年间行业碳排放强度并未出现明显的下降趋势。因此要实现国家承诺的碳排放强度比 2005 年下降 60%～65%的目标，还需要进一步增加产品附加值，同时要求进一步实现碳减排。

表 3-9　石油炼制行业碳排放强度与国家总体水平对比表

年份	全国碳排放量/亿吨	国内生产总值/亿元	碳排放强度			
			全国/(t/万元)	降低率/%	石油炼制行业/(t/万元)	降低率/%
2005	72.49	187318.9	3.86	—	6.09	—
2010	95.51	413030.3	2.31	40	2.44	60
2014	123.01	643563.1	1.91	51	2.80	54

3.3.3　不确定性分析

本书行业碳排放量核算过程虽然尽可能使用更加精确的方法，但限于数据的可得性，仍存有下列不确定性，主要包括：

① 未能从其他年鉴及研究中获取更准确的石油炼制行业能源消耗量，化石燃料类别仅考虑了主要油品类能源，未考虑煤相关及其他石油类能源，这可能造成化石燃料燃烧源碳排放量的低估。

② 部分年份催化裂化装置二次加工能力与一次加工能力占比数据来源于相关文献及网络资料等，数据来源质量对本书核算结果有一定的影响。

③ 逸散排放源排放系数有一定的误差。本书是根据国家排污许可排放量测算的逸散排放源 VOCs 排放系数。排污许可排放量是企业根据《石化行业 VOCs 污染源排查工作指南》（简称《排查指南》）方法核算排放量基础上向生态环境部申请的最大允许排放量，一方面采用《排查指南》方法核算的结果与实际排放量有一定的差距，另一方面最大允许排放量要略高于《排放指南》实际核算结果，导致排放系数存在误差。另外，甲烷浓度与 VOCs 排放浓度比例来源于有限的样本，与行业总体的实际比例存在一定的差别。

④ 电力热力的活动水平估算过程中，不同年份炼焦行业吨焦耗热、耗电量采用固定值导致炼焦行业耗电耗热量与实际值有一定的差别。根据核算结果，各年份炼焦行业热力、电力消耗量分别占年鉴统计值 0.1%、20% 左右，因此核算的石油炼制行业电力消耗值会存在一定的误差，而对热力消耗量影响不大。

3.4 影响因素贡献分析

根据上述 2000～2017 年行业碳排放核算结果及分析,采用动态因素分解法,对加工规模、能源效率、能源结构及碳排放因子在 2000～2003 年、20003～2012 年、2012～2017 年三个阶段的碳排放贡献进行了量化。加工规模即行业加工能力,原油加工量越大,碳排放量势必会增大;能源效率即加工单位原油的能源消耗量,代表了能源网络优化、技术提升等因素带来的能源利用水平的变化;能源结构即不同类型能源消耗量占总能源消耗量的比值,清洁能源占比越高对碳减排的贡献越大;碳排放因子指不同类型能源造成的碳排放量。定量分析各影响因素的贡献,可验证行业减排措施的进展和效果,并为行业下一步的碳减排重点、减排目标及政策的制定提供一定的理论依据。

3.4.1 方法原理

根据 LMDI 基本原理[61],对石油炼制行业碳排放进行因素分解为:

$$E = \sum_f \left(Q \times \frac{F}{Q} \times \frac{F_f}{F} \times \frac{C_f}{F_f} \right) \tag{3-17}$$

式中　E——石油炼制行业碳排放量总量,t;

　　Q——原油加工量,t;

　　F——行业能源消耗总量,kgoe;

　　F_f——燃料 f 的消耗量,kgoe;

　　C_f——燃料 f 的碳排放量,t CO_2,燃料类型包括燃料油、液化石油气、炼厂气、天然气、汽油、煤油、柴油、热力、电力及烧焦。

该公式可进一步表示为:

$$E = \sum_f (Q \times T \times S_f \times C_f) \tag{3-18}$$

式中　Q——加工规模因素,t;

　　T——单位原油能源消耗总量,代表能源效率因素,kgoe/t;

　　S_f——能源 f 消耗量占能源总消耗量的比例,代表能源结构因素;

　　C_f——能源类型 f 的碳排放因子,t CO_2/kgoe。

则 t 时期与基准时期行业碳排放的增量为:

$$\Delta E = E_t - E_0 = \Delta Q + \Delta T + \Delta S_f + \Delta C_f \qquad (3\text{-}19)$$

式中　ΔQ、ΔT、ΔS_f、ΔC_f——t 时期与基准时期，其他因素保持不变，仅加工规模或能源效率或能源结构或碳排放因子因素带来的行业碳增量，t CO_2。

$$\Delta T = \sum_f \left(\frac{E^t - E^0}{\ln E^t - \ln E^0} \ln \frac{T^t}{T^0} \right) \qquad (3\text{-}20)$$

$$\Delta Q = \sum_f \left(\frac{E^t - E^0}{\ln E^t - \ln E^0} \ln \frac{Q^t}{Q^0} \right) \qquad (3\text{-}21)$$

$$\Delta S_f = \sum_f \left(\frac{E_f^t - E_f^0}{\ln E_f^t - \ln E_f^0} \ln \frac{s_f^t}{s_f^0} \right) \qquad (3\text{-}22)$$

$$\Delta C_f = \sum_f \left(\frac{E_f^t - E_f^0}{\ln E_f^t - \ln E_f^0} \ln \frac{c_f^t}{c_f^0} \right) \qquad (3\text{-}23)$$

3.4.2　结果分析

根据以上核算公式，加工规模、能源效率、能源结构及碳排放因子四个因素在 2000～2003 年、2003～2012 年、2012～2017 年对石油炼制行业年均碳增量的贡献如图 3-3 所示，具体数据见附表 1。

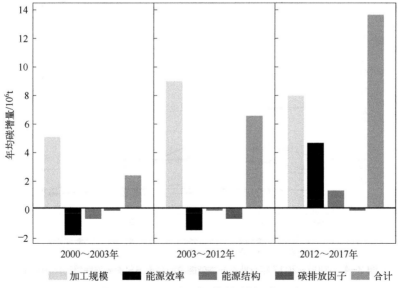

图 3-3　不同影响因素对年均碳增量的贡献

由图 3-3 可知，三个阶段年均碳增量迅速增大，且短期内难以缓解，碳减排任务艰巨。加工规模对年均碳增量的效应值皆为正值，对碳增量的贡献率逐渐降低，由 221.93% 降为 58.03%，说明了相同原油加工量的增加量引起的碳排放的增加量开始减小，这从侧面反映了我国在大型化方面的发展取得了很好的碳减排成效。即使如此，现阶段加工规模仍是促进行业碳排放的主导因素。合理控制扩能及新上炼油项目，尤其是在产能过剩加剧的情况下，加强对现有存量、盈增量的调控及国际合作非常重要。

能源效率对碳增量的贡献呈现逐年提升态势，分别为 -85.53%、-23.40%、33.72%。前期能源效率效应值为负值，可有效地抑制碳排放，但其抑制作用越来越弱，后期吨原油消耗的能源越来越大，效应值变为正值，起到促进碳排放的作用。后期出现正值说明 2017 年吨原油能源消耗量大于 2012 年的此指标值。对数据进一步解析发现，主要原因为 2017 年的吨原油电力消耗量及吨原油液化石油气消耗量快速增大，分别是 2012 年的 2.92 倍、1.42 倍；由图 3-4 也可看出，2012~2017 年间电力及液化石油气在总能源消耗量中的占比增幅明显；图 3-2 也显示此时期的碳排放系数及碳排放强度皆开始出现上扬的趋势，也互相验证了行业碳排放核算结果与影响因素量化结果的准确性。2012~2017 年正是我国油品质量标准加严、产业链条

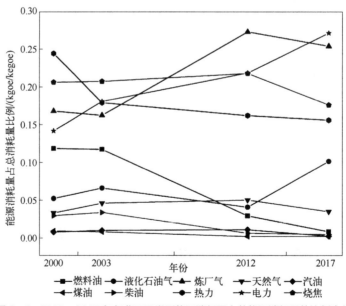

图 3-4 2000~2017 年行业不同类型能源消耗量占总能源消耗量的比例变化

不断延伸的时期，能源效率对碳增量的贡献逐渐增高，甚至由抑制效应转为促进效应，说明目前提升能源效率的手段已逐渐不能满足行业的发展需求，尤其是行业产业链进一步延伸的势头并不会减弱，这对能源效率的提升提出了更高的要求。能源效率已成为继加工规模因素后的第二大促进碳排放的影响因素，寻求更有效的能源效率提高途径迫在眉睫。

能源结构对碳增量的贡献相对较小，效应值前期为负、后期为正。图 3-4 对三个阶段的具体能源结构进行了分析。2000 年行业总能源消耗中占比较大的能源类型为电力、热力、烧焦、炼厂气及燃料油，总占比达 87% 左右。2003 年热力占比快速降低，是 2000～2003 年能源结构因素抑制作用强的主要原因，抑制效应贡献为 −33.07%；2003～2012 年间，大幅度减少了燃料油的消耗，增加了炼油厂干气的消耗，形成以炼厂气为主、烧焦及电力、热力为辅的能源结构，对碳增量的总抑制效果为 −23.43%，抑制作用逐渐减弱；2017 年，电力、液化石油气消耗量大幅度增加，燃料油、炼厂气、天然气占比小幅度下降，该变化整体促进 9.38% 的碳增量。总体来看，2000～2017 年，能源消耗结构由热力、烧焦、炼厂气、电力、燃料油为主，转变为以电力、炼厂气、烧焦、热力、液化石油气为主，前期热力、燃料油占比的降低对碳排放有一定的抑制效果，后期电力、液化石油气消耗量的大幅度提高导致了碳排放量的增大，以上变化整体对碳增量的影响相对较小，能源结构因素对碳减排的潜力还需进一步挖掘。

碳排放因子对年均碳增量的贡献不够明显，效应值皆为负值。碳排放因子的变化主要来源于电力碳排放系数。随着我国清洁低碳发电量的增加，电力碳排放系数逐年下降，对石油炼制行业碳排放起到一定抑制作用。

作为我国能源和基础原材料的重要供应者，石油炼制行业资金技术密集、能源消耗量大，具有显著的规模效应。在全球积极应对气候变化、提倡低碳绿色发展、环保法规日趋严格的背景下，石油炼制行业在碳排放量、碳排放系数及碳排放强度方面皆面临着严峻的挑战。未来石油炼制行业在继续调整产业布局、产业结构（包括生产装置结构、落后产能）的基础上，合理控制新上及现有的扩能项目，进一步挖掘炼化一体化在能源效率提升方面的潜力，提高清洁能源在能源结构中占比，从而减少碳排放量、降低碳排放系数；根据市场需求调整产品结构，提高高附加值化工产品产率，化解产能过剩，从而降低碳排放强度。

3.5　基于工业过程的行业核算方法案例

由 3.1 部分可知，基于工业过程核算方法需对各工业过程层面的碳排放系数开展大量的现场调研，在有限的时间内较难获取，因此本节仅对该方法进行初步介绍。

工业过程包括生产系统各过程及辅助生产系统各过程。行业层面各工业过程总处理/产品量可通过行业不同企业实际消耗数据汇总而来，或采用各工业过程总加工规模与原油总加工规模比例、原油加工量之积获取。

工业过程碳排放系数为不同类别下工业过程碳排放量与处理/产品量之比。对工业过程的类别划分方法为：首先根据原料/工艺/流程的不同将工业过程划分为不同类别，不同类别过程根据规模进一步划分为不同子类别；辅助生产系统中的制氢装置、污水汽提、硫黄回收同样根据以上步骤进行划分，其他辅助系统工业过程不再进一步划分。以常减压过程为例对划分方法进行说明，先根据原料/工艺/流程的区别，将所有常减压装置划分为常减压、常压、润滑油型常减压三个类别，再进一步对常减压类别根据生产规模的不同划分为 < 400 万吨/年、400 ~ 800 万吨/年、> 800 万吨/年三个子类别。其中生产系统各生产装置基于原料/工艺/流程的划分方法可参考《炼油单位产品能源消耗限额》(GB 30251—2013)，该标准对不同装置进行划分的目的是确定不同类别下生产装置的能耗定额，能耗与碳排放密切相关，该划分方法适用于以碳排放为目的的工业过程类别划分。不同类别下的各工业过程碳排放系数需通过大量企业现场调研获取。

第 4 章

石油炼制工业过
程碳排放数据统
计体系

统计数据是进行精准碳排放核算的基础。目前石油炼制企业行业碳排放数据统计体系大多以排放类别为单元进行管理、报告，缺乏工业过程层面的数据统计研究，工业过程层面碳排放数据统计是工业过程层面核算碳排放的前提。该章以工业过程为统计单元，根据前面建立的企业行业层面基于工业过程碳排放核算方法，构建了石油炼制企业行业层面的工业过程碳排放数据统计框架，丰富和完善了石油炼制碳排放数据统计理论和方法，为行业减排措施及政策的高效制定提供更便捷、统一的科学参考。

4.1　碳排放统计体系现状

2022 年 4 月，国家发展改革委、国家统计局、生态环境部联合印发了《关于加快建立统一规范的碳排放统计核算体系实施方案》的通知，该方案坚持问题导向，聚焦碳排放统计核算工作面临的突出困难挑战，补齐短板弱项、筑牢工作基础；坚持科学适用，借鉴国际成熟经验，结合我国国情，按照急用先行、先易后难的顺序，有序制定各级各类碳排放统计核算方法。重点任务包括建立全国及地方碳排放统计核算制度、完善行业企业碳排放核算机制、建立健全重点产品碳排放核算方法、完善国家温室气体清单编制机制。

我国目前的碳排放统计体系或报告格式一般以碳排放核算方法为基础进行设计。国家及省级层面的温室气体核算大多参照《2006 年 IPCC 国家温室气体清单指南》（简称《2006 年 IPCC 指南》）、《省级温室气体清单编制指南》进行。以上指南将碳排放源分为能源、工业过程和产品使用、农业林业和其他土地利用及废弃物四部分，省级层面增添了电力的调入调出类别，且大多采用排放因子法进行核算。因此，国家及省级层面的碳排放统计体系是基于排放类别统计各个排放源的活动水平、排放因子及碳排放量等。能源类别的统计表如表 4-1 所示。

企业或组织层面的温室气体排放统计核算体系同样根据核算方法进行设计，不同类型行业或企业排放源及核算方法不同，所需统计数据也具有一定的差异，但大多以排放类别进行统计核算。以《中国石油化工企业温室气体排放核算方法与报告指南》（简称《石化指南》）为例，其排放报告包括企业基本情况、温室气体排放情况、活动水平数据及来源说明、排放因子数据及来源说明、其他希望说明的情况五部分，包括汇总表及每部分的核算结果，如表 4-2 ~ 表 4-4 所列。

表 4-1 《2006 年 IPCC 指南》能源部分工作表

Sector	Energy								
Category	Fuel combustion activities								
Category Code	1A[(a)]								
Sheet	1 of 4 (CO$_2$, CH$_4$, and N$_2$O from fuel combustion by source categories – Tier 1)								
	Energy consumption			CO$_2$		CH$_4$		N$_2$O	
	A Consumption (Mass, Volume or Energy unit)	B Conversion Factor[(b)] (TJ/unit)	C Consumption (TJ)	D CO$_2$ Emission Factor (kg CO$_2$/TJ)	E CO$_2$ Emissions (Gg CO$_2$)	F CH$_4$ Emission Factor (kg CH$_4$/TJ)	G CH$_4$ Emissions (Gg CH$_4$)	H N$_2$O Emission Factor (kg N$_2$O/TJ)	I N$_2$O Emissions (Gg N$_2$O)
			C=A*B		E=C*D/10^6		G=C*F/10^6		I=C*H/10^6
Liquid fuels									
Crude Oil									
Orimulsion									
Natural Gas Liquids									
Motor Gasoline									
Aviation Gasoline									
Jet Gasoline									
Jet Kerosene									
Other Kerosene									
Shale Oil									
Gas / Diesel Oil									
Residual Fuel Oil									
············									

[a] Fill out a copy of this worksheet for each source category listed in Table 2.16 of the Stationary Combustion Chapter and insert the source category name next to the worksheet number.

[b] When the consumption is expressed in mass or volume units, the conversion factor is the net calorific value of the fuel.

表4-2 《石化指南》温室气体排放量汇总表

源类别		排放量（单位：吨CO$_2$）
燃料燃烧CO$_2$排放		
火炬燃烧CO$_2$排放		
工业生产过程CO$_2$排放		
企业CO$_2$回收利用量		
企业净购入电力的隐含CO$_2$排放		
企业净购入热力的隐含CO$_2$排放		
企业温室气体排放总量（吨CO$_2$）	不包括净购入电力和热力的隐含CO$_2$排放	
	包括净购入电力和热力的隐含CO$_2$排放	

表4-3 《石化指南》燃料燃烧源报告表

燃料品种	燃烧量（吨或万Nm^3）	含碳量（吨碳/吨或吨碳万Nm^3）	数据来源	低位发热量（GJ/吨或GJ/万Nm^3）	数据来源	单位热值含碳量（吨碳/GJ）	碳氧化率（%）	数据来源
无烟煤			□检测值 □计算值		□检测值 □缺省值			□检测值 □缺省值
烟煤			□检测值 □计算值		□检测值 □缺省值			□检测值 □缺省值
褐煤			□检测值 □计算值		□检测值 □缺省值			□检测值 □缺省值
流精煤			□检测值 □计算值		□检测值 □缺省值			□检测值 □缺省值
其它洗煤			□检测值 □计算值		□检测值 □缺省值			□检测值 □缺省值

表4-4 《石化指南》制氢装置排放源报告表

原料名称	原料投入量（吨或10^{4}m^3）	原料含碳量（吨碳/吨或吨碳/万Nm^3）	数据来源	碳转化率（%）	数据来源
……			□实测值□估算值		□实测值□估算值

注：[1]请在此栏填写原料的具体名称，并根据实际投入的原料品种加行——说明。

4.2 企业层面碳排放数据统计

从工业过程角度，根据第 2 章建立的企业层面碳排放核算方法，构建了对应的企业层面碳排放数据统计框架。该框架将企业层面碳排放统计形式分为企业内部碳排放台账及对外统计报表两种。其中碳排放台账记录了企业内部碳排放核算所需的最原始数据，统计内容可根据企业自身情况进行调整；对外统计报表则为统一的格式，可由行政主管部门统一发给各企业，该报表主要用于提供行业层面碳排放核算所需数据，具体数据统计框架如 4.4 部分所述。

碳排放台账应包括全厂及工业过程两个维度的数据内容，以便进行互相验证，如全厂净消耗资源能源应为所有工业过程资源能源生产消耗之和。4.4 部分提供了全厂及各工业过程需统计的数据内容，并简单说明了该数据来源及用途。

对外统计报表呈现了主要负责部门根据所有台账数据汇总后的碳排放核算结果，也是核算行业层面碳排放的基础数据来源。对外统计报表以工业过程为基本单元，包括体现各工业过程碳排放总体信息的总表及提供工业过程不同碳排放类别核算过程信息的分表，可按年进行逐级上报，具体主要统计内容如 4.4 部分所述。

4.3 行业层面碳排放数据统计

根据第 3 章行业层面基于工业过程碳排放核算方法，构建了行业层面工业过程碳排放数据统计框架，具体如 4.4 部分所述。对全国不同区域各炼油企业提交的统计报表逐级汇总，最后形成行业层面工业过程碳排放统计报表。该报表以工业过程为基本统计单元，并根据原料/流程/技术及规模对各工业过程进一步分类，统计子类别下各工业过程行业层面的碳排放量、碳排放系数等信息。

具体统计内容包括各工业过程名称、工业过程所属原料/流程/技术类别、工业过程所属生产规模子类别、实际处理/产品量、子类别下统计的工业过程数量、子类别下工业过程的燃料燃烧源碳排放量、子类别下工业过程的工艺尾气源碳排放量、子类别下工业过程的逸散排放源碳排放量、子类别下工业过程的废物处理源碳排放量、子类别下工业过程的电力热力源碳排放量、行业碳排放系数。

根据以上数据统计内容，可较精确地获取不同原料、技术、流程、规模下各工业过程行业层面的碳排放系数；对不同区域炼油企业的统计报表数据汇总，同样可精准地获取不同区域各工业过程碳排放系数，为石油炼制行业碳排放空间分布特征等研究的开展提供数据支持。

4.4 案例示范

4.4.1 石油炼制企业碳排放统计表格

从工业过程角度，根据第 2 章建立的企业层面碳排放核算方法，构建了对应的企业层面碳排放数据统计框架，数据统计框架如图 4-1 所示。

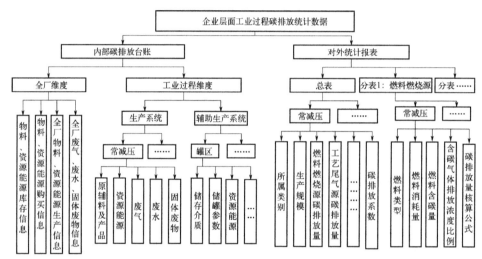

图 4-1 企业层面工业过程碳排放数据统计框架

4.4.1.1 碳排放台账统计内容

碳排放台账应包括全厂及工业过程两个维度的数据内容，以便进行互相验证，如全厂净消耗资源能源应为所有工业过程资源能源生产消耗之和。本部分内容提供了全厂及各工业过程需统计的数据内容，并简单说明该数据来源及用途。

（1）全厂维度

全厂维度的统计数据可来自企业不同职能部门对全厂所有工业过程汇总的信息，主要包括物料、资源能源的库存信息，物料、资源能源购买信息，全厂物料、资源能源生产信息，全厂废气、废水、固体废物信息等。

（2）工业过程维度

以全厂统计边界内各工业过程为基本单元，由各车间或装置一线技术人员每天固定时间进行记录，可按月向上级进行汇总报告，统计数据内容如下。

1）生产系统

① 主要原辅料及产品输入输出情况：原辅料名称、功能、活性成分、来源装置或工段、运输方式、消耗量；产品名称、主要成分、产出位置、去向、运输方式、产量。涉及催化剂烧焦环节应同时记录剂油比、待生及再生催化剂含碳量；制氢装置、硫黄装置应包含原料及产品的碳含量。

数据来源：消耗量采用流量计计量数据。催化剂烧焦量可采用烟气氮平衡监测、剂油比及催化剂残炭差、物料衡算等方式确定。

数据用途：输入输出量用于各工业过程无组织 VOCs 排放量核算及部分工艺尾气源碳排放核算；其他信息可用于明确物料流向，判断装置间生产数据是否衔接，保证数据准确性。

② 资源能源输入输出情况：资源能源名称、消耗点位、用途、来源、含碳量、消耗量；输出原因、输出点位、去向、输出量。涉及资源能源包括燃料油、油田天然气、气田天然气、炼厂燃料气、液化石油气、煤、石油焦、电、蒸汽、输出热等。

数据来源：采用流量计计量数据。碳含量可来源于监测数据或采用缺省值确定。

数据用途：用于核算各工业过程燃料燃烧源、电力热力源碳排放量。

③ 废气排放信息：废气排放源名称、排放环节、排放因子、控制措施及效果、排放时间、流速、入口及出口浓度、排放形式。VOCs 泄漏信息可按季度进行监测，并分析各过程 VOCs 成分信息。

数据来源：可来源于在线监测系统监测数据、企业自行监测数据或委托第三方监测报告。

数据用途：核算各排放源含碳污染物排放浓度比例。

④ 固体废物统计信息：固体废物名称、是否危废、产生环节、产生量、含油量、含碳量、储存方式、处理方式。

数据来源：企业自行计量或其他。

数据用途：用于核算进入固体废物的油料及碳。

⑤ 废水统计信息：废水产生环节、产生量、污染物含量（COD、石油类、氨氮、硫化物、挥发酚、氰化物、镍、砷、铅等）、处理方式、去向。

数据来源：企业自行监测或其他。

数据用途：为生产装置无组织 VOCs 排放的核算提供进入废水的油料信息。

2）辅助生产系统

① 有机液体储存及调和罐：储罐储存介质、是否中间罐、是否加热、储存温度、储罐参数（罐类型、容积、直径、颜色、罐漆、呼吸阀、高度、储存液面高度、支撑柱、浮盘附件参数、浮盘密封参数、边缘密封参数）、年初库存量、年末库存量、周转量、控制措施及效果（入口出口甲烷及 VOCs 浓度、入口出口废气量）、关键罐区无组织 VOCs 成分，资源能源消耗类型及消耗量、废水排放量及废水中污染物含量（参考生产系统统计内容）。

数据来源：企业计量及监测数据。

数据用途：用于核算罐区甲烷及 VOCs 产排量。

② 有机液体装卸：装卸产品名称、装卸量、装卸方式、装卸温度、油气回收系统参数（设施运营时间、入口出口废气流量、入口出口甲烷及 VOCs 浓度），资源能源消耗类型及消耗量。

数据来源：企业监测数据或其他。

数据用途：用于核算装卸过程有组织及无组织碳排放量。

③ 污水处理厂：污水处理量、排放量及排放去向、回用量及回用去向、入口出口污染物含量（参考生产系统废水统计内容），污泥产生量、污泥中有机物总量；资源能源消耗类型及消耗量，污水厂无组织 VOCs 成分、废气处理措施及效果（参考生产系统统计内容）。

数据来源：企业计量及监测数据。

数据用途：用于核算污水处理过程有组织及无组织碳排放量。

④ 循环水厂：补水量、补水来源、循环量、循环水冷却方式、废水排放量、废水排放去向、废水污染物含量（参考生产系统废水污染物类别），冷却塔入口出口水中 VOCs 浓度及 VOCs 成分，能源消耗类型及消耗量。

数据来源：企业计量及监测数据。

数据用途：用于核算循环水厂 VOCs 排放信息。

⑤ 动力站：资源能源消耗类型、消耗量及来源，资源能源输出类型及输出量，

废水排放量及废水污染物浓度，含碳气体排放浓度比例。

数据来源：企业计量仪表计量及监测数据。

数据用途：用于核算动力站燃料燃烧源、电力热力源碳排放量。

4.4.1.2 碳排放统计报表内容

企业统计报表呈现了主要负责部门根据所有台账数据汇总后的碳排放核算结果，也是核算行业层面碳排放的基础数据来源。统计报表以工业过程为基本单元，包括体现各工业过程碳排放总体信息的总表及提供工业过程不同碳排放类别核算过程信息的分表，可按年进行逐级上报，主要统计内容如下。

（1）总表统计内容

各工业过程名称、工业过程所属原料/工艺技术/流程类别、处理规模、年实际处理/产品量、燃料燃烧源碳排放量、工艺尾气源碳排放量、逸散排放源碳排放量、废物处理源碳排放量、电力热力源碳排放量、碳排放系数。

（2）分表：燃料燃烧源统计内容

各工业过程名称、燃料类型、燃料消耗量、燃料含碳量、含碳气体排放浓度比例、碳排放核算公式。

（3）分表：工艺尾气源统计内容

各工业过程名称、烧焦量及含碳量、原料消耗量、原料含碳量、残渣量、残渣含碳量、含碳气体排放浓度比例、碳排放核算公式。

（4）分表：逸散排放源统计内容

各工业过程名称、VOCs 排放量、甲烷排放量、碳排放核算公式。

（5）分表：废物处理源统计内容

各工业过程名称、废水处理量、污水氮含量、废水中可降解的和污染中清除的有机物总量（TOW）、以污染形式清除掉的有机物量（S）、排放因子，固体废物焚烧量、含碳气体排放浓度比例，二氧化碳回收利用量，碳排放核算公式。

（6）分表：电力热力源统计内容

各工业过程名称、净消耗电力热力量、电力热力排放系数、系数来源、碳排放量核算公式。

4.4.2 石油炼制行业碳排放统计表格

根据第 3 章行业层面基于工业过程碳排放核算方法，构建了行业层面工业过程碳排放数据统计框架，如图 4-2 所示。

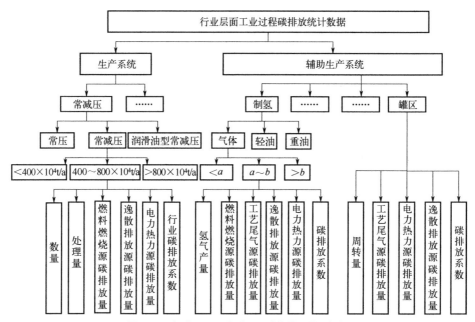

图 4-2 行业层面工业过程碳排放数据统计框架

第 5 章

基于工业过程的石油炼制企业生命周期环境影响评价

作为高耗能高排放产业之一，石油炼制行业面临着日益严峻的环保压力。如何更全面科学地识别行业减排重点、从源头解析环境影响贡献环节对行业实现低碳化、绿色化、清洁化发展有重要意义。生命周期评价（life cycle assessment，LCA）是对某种产品、活动或服务从原材料开采到最终处理处置进行全过程环境影响评价的方法，可从整个产业链的角度量化产品或某项活动产生的环境影响，从而识别关键贡献过程或物质，是确定行业减排重点的有效方法。

5.1 生命周期评价概述

5.1.1 生命周期评价的产生

现代生活离不开产品，传统的产品是为了满足用户需求，企业生产产品是为了追求产品功能性和经济性的平衡，以谋求最大经济效益。而企业在此过程中，仅考虑企业边界范围内的生产过程及影响，忽视了最源头的资源环境成本及下游的使用处置成本，造成全球性生态恶化和资源枯竭。在全球追求可持续发展的背景下，从产品开发、设计阶段就开始考虑环境资源问题，将生态环境与整个产品生产、销售、使用、处置系统联系起来，有助于寻求解决的途径和方法。同时政府部门和管理部门也积极探究开发一种基于全过程、全功能、全方位角度的综合环境管理工具，从解决问题的思路转向预防问题发生的新模式，面向产品系统的环境管理工具——生命周期评价应运而生。

5.1.2 生命周期评价的定义

生命周期评价，又被称为"从摇篮到坟墓"分析产品或活动的资源和环境轮廓的管理工具，是对某种产品或项目或生产活动从原料开采、加工到最终处置的一种环境评价方法，力图在源头预防和减少环境影响。生命周期评价具有全过程评价、系统化和量化、注重环境影响、涉及领域广等特点。目前众多生命周期评价的定义中最权威的是国际标准化组织（ISO）和国际环境毒理学和化学学会（SETAC）的定义。

ISO认为，生命周期指产品系统中前后衔接的一系列阶段，从原材料的获取或自然资源的生产，直至最终处置；生命周期评价是指对一个产品系统的生命周期中输入、输出及其潜在环境影响的汇编和评价；生命周期影响评价是指生命周期评价中理解和评价产品系统潜在环境影响的大小和重要性的阶段。

SETAC 认为，生命周期评价是一种对产品生产工艺以及活动对环境的压力进行评价的客观过程，是通过对能量和物质的利用以及由此造成的环境废物排放进行识别和量化的过程。其目的在于评估能量和物质利用能力，以及废物排放对环境的影响，寻求改善环境影响的机会以及如何利用该机会。

尽管国内外各机构对 LCA 的定义不同，但其评价框架和内容趋于一致，总体核心是量化评价贯穿产品生命周期全过程（从原材料开采、生产、使用至最终处置）的环境因素及其潜在影响的方法。

5.1.3 生命周期评价的步骤

《环境管理—生命周期评价—原则和框架》（ISO 14040）规定 LCA 必须包括目的和范围的确定、清单分析、影响评价和结果解释四个阶段，而之后的 ISO 14041、ISO 14042、ISO 14043 系列标准分别对四个阶段的具体操作进行了详细规定，具体如下。

（1）目的和范围的确定

LCA 研究的目的与范围必须明确规定，并与应用意图相一致。研究目的必须明确阐述应用意图、进行该项研究的理由及它的使用对象，即研究结果的预期交流对象。

研究范围用以保证研究的广度、深度和详尽程度与之相符，并足以适应所确定的研究目的。LCA 是一个反复的过程，研究过程中可能由于收集到新的信息而需要对研究范围加以修订。具体包括以下几个方面的界定。

① 功能与功能单位：功能单位是产品系统输出功能的量度。功能单位的基本作用是为有关的输入和输出提供参照基准，以保证 LCA 结果的可比性，因此功能单位必须是明确规定并且可测量的。

② 系统边界：系统边界决定 LCA 中须包括哪些单元过程，决定系统边界的因素包括研究的应用意图、所作的假定、划界准则、数据与成本的限制和沟通对象等。在理想情况下，建立产品系统的模型时，应使其边界上的输入和输出均为基本流。但在许多情况下，没有充足的时间、数据或资源来进行如此全面的研究，因而必须

决定在研究中对哪些单元过程建立模型，并决定对这些单元过程研究的详略程度。

③ 数据类型：LCA 研究需要的数据可从系统边界内与单元过程有关的生产现场收集，也可从公开文献中直接获取或通过计算得到，包括能源、物质、向环境中排放的排放物、土地利用、恶臭、辐射等。

④ 输入输出的选择：在选择输入输出时，将所有输入输出都纳入产品系统是不切实际的。识别应追溯到环境的输入输出，即识别纳入所研究的产品系统内的，产生上述输入或者承受上述输出的单元过程。一般先利用现有数据作出初步识别，并随着研究过程中数据的积累对输入输出做出更充分的识别，最后通过敏感性分析加以验证。

（2）清单分析

生命周期清单分析（LCI）涉及数据的收集和计算程序，目的是对产品系统的有关输入和输出进行量化。清单分析是一个反复的过程，当对系统有进一步认识或发现原有的局限性时，要求对数据收集程序作出修改，有时也会要求对研究目的或范围加以修改。具体包括以下步骤。

① 数据收集的准备：绘制具体的过程流程图，建立单元过程模型和它们之间的关系；详细表述每个单元过程并列出与之相关的数据类型；编制计量单位清单等。

② 数据的收集：需对每个单元透彻了解，定量记录和定性表述每个单元过程的输入输出。如果单元过程有多个输入及输出，必须将与之分配程序有关的数据形成文件和报告。必须详细说明数据收集过程、收集时间及其他数据质量参数的公开来源。

③ 计算程序：收集数据后，需根据计算程序对该产品系统每一单元过程和功能单位求得清单结果。首先需进行数据有效性的确认，若发现不合理数据，应予以替换；其次将数据与单元过程进行关联；然后将数据与功能单元进行关联和合并。

④ 物流、能流和排放物的分配：大部分工业过程的输入和输出涉及多种原料和产品，中间产品和弃置的产品通过再循环用作原材料，因此在评价某种产品时需将物流、能流和排放物分配到各个产品。清单是建立在输入和输出的物质平衡基础上的，因此分配程序应尽可能反映这种输入与输出的基本关系和特性。具体应执行下列步骤：只要有可能，应避免进行分配，可将分配的单元过程进一步划分为两个或

更多的子过程，或把产品系统扩展，将与共生产品有关的功能包括进来；分配不可避免时，应将系统的输入输出划分到其中的不同产品或功能中，以便反映输入输出如何随着系统所提供的产品或功能中的量变而变化；当无法以单纯的物理关系作为分配基础时，应以能反映它们之间其他关系的方式将输入输出在产品或功能间进行分配，如以经济价值作为分配原则。

（3）影响评价

该阶段目的是根据生命周期清单分析所识别的潜在环境影响程度进行评价，即将清单数据和具体的环境影响相联系，并识别量化这些影响，包括影响分类、特征化和量化。

影响分类是将清单中的输入输出数据归纳为不同的环境影响类别，如资源/能源影响、化学方面及非化学方面的影响，其对环境产生的影响主要分为生态系统、人类健康和自然资源影响三类。

特征化是运用量化方法对不同类别影响因子造成的影响进行定量评价和综合分析。具体量化方法一般有两种：一种是将数据与无可观察效应浓度或特定的环境标准联系；另一种是试图模拟剂量效应间的关系，并在特定场合运用这些模型，如 GWP 和 ODP。量化是确定不同影响类型的贡献大小即权重。

（4）结果解释

生命周期评价的最终目标，即根据清单分析和影响评估的结果来解释满足目标和范围界定的各项要求，对现有的产品设计和生产工艺提出改进和实施方案，从而找出合理、经济、高效的方法降低环境风险。

5.1.4　生命周期评价研究进展

生命周期评价是对某一产品或活动从原材料开采到最终处理处置全过程产生的环境影响进行跟踪和量化评价的过程。该方法起源于 20 世纪 70 年代初美国开展的一系列针对包装品的分析、评价[62]，经过近 50 年的不断发展和完善，被广泛地应用于能源化工系统[63]、建筑[64]、废弃物管理[65]、环境管理[66]、工业生产[67, 68]等领域，目前已被纳入 ISO 14000 环境管理系列标准。LCA 能对产品及活动"从摇篮到坟墓"的全过程涉及的环境影响进行量化评价，并可识别关键贡献环节及物质，对企业产品及工艺优化、环境管理政策的制定具有很好的指导意义。

在石油炼制领域，大量的研究基于全生命周期的思想从不同的角度对石油产品全产业链的能耗、碳排放及产生的环境影响进行了评价分析。能耗及碳排放方面，Jang 等[69]量化评价了韩国本地汽油、柴油全生命周期（WTW）的能源消耗及 GHGs 排放情况，结果显示石油炼制阶段对 WTT 总能耗、GHGs 排放的贡献达 70%、50% 以上；Khan [70]对 10 种不同生产路线的汽油、柴油、天然气 WTT 能耗及 GHGs 排放进行了比较分析；Rahman 等[71]对来自 5 种不同原油类型的燃料在油井到车轮（WTW）过程产生的 GHGs 进行了评价；Masnadi 等[72]开展了中国不同的原油进口路线对上游原油勘探开采生产过程产生的能源消耗及 GHGs 排放影响研究。环境影响评价方面，Furuholt[73]建立了挪威生产常规汽油、MTBE 调和汽油及柴油在原油开采到石油炼制（WTT）阶段排放的大气污染物及能源消耗清单，并以此为基础评价各石油产品产生的气候变暖、光化学氧化、酸性化、营养化、化石能源消耗等环境影响；Restianti 等[74]采用 LCA 方法分别对印度汽油 WTW 过程的全球变暖、酸性化、营养化、人类毒性、生态毒性等环境影响进行了评价分析；Morales 等[75]对智利汽油 WTW 过程的全球变暖、臭氧耗竭、金属耗竭、人类毒性、生态毒性等环境影响进行分析，结果显示石油炼制阶段及燃料使用是造成环境影响的焦点。另外，随着全球石油资源短缺及其环境破坏问题的加剧，替代车用燃料的生产规模逐年增大，较多学者采用 LCA 方法对替代车用燃料的环境影响进行评价分析，如基于天然气制备的液体燃料[76]、燃料乙醇[77,78]、生物柴油[79]、煤基燃料[80]等。

近年来，我国多地出现臭氧超标的问题。作为合成臭氧及 PM（$PM_{2.5}$、PM_{10}）的重要前体物[81-83]，VOCs 成为我国政府关注的重点和焦点。石油炼制行业是重要的 VOCs 贡献源，部分学者针对石油炼制过程开展了 VOCs 相关环境影响研究。Zhang 等[84]对珠江三角洲一家炼油企业的催化裂化、延迟焦化、常减压及制氢装置的 VOCs 进行采样分析获取 VOCs 成分清单，并以此为基础评价分析了以上装置对工作人员的致癌性、非致癌性及职业暴露风险；陈丹[85]对珠江三角洲某炼油厂 VOCs 呼吸暴露途径的健康风险进行了评估；齐应欢[86]对石化行业典型炼油企业的 VOCs 排放特征及其对臭氧生成潜势及二次有机气溶胶（SOA）生成潜势进行了评估；Mo 等[87]对扬子江各炼油过程的 VOCs 排放特征进行采样分析，并对不同装置产生的臭氧生成潜势进行了核算。

综上，目前石油炼制行业 LCA 研究侧重于从不同角度对具体产品的全生命周期能耗、碳排放及环境影响进行评价研究，以石油炼制过程为对象开展 LCA 研究的较少。近年来，由于车用燃料对全球气候变暖的重要影响，较多研究针对具体的石油产品（如汽油、柴油等）开展了全生命周期环境影响的量化分析。但现代化炼油企业产品种类丰富多样，仅对某种具体的炼油产品进行评价，并不能全面地反映出行业或企业的整体环境影响情况，且该过程大多将石油炼制作为一个"黑箱"处理，不能解析具体的影响环节。工业过程是构成不同炼油企业的基本单元，基于工业过程开展炼油行业或企业的全生命周期环境影响评价，既可整体掌握石油炼制过程环境影响水平，同时有助于从源头挖掘环境影响贡献环节，对行业减排重点的识别及相关政策的制定具有重要的指导意义。LCA 清单是环境影响评价的重要基础，直接影响评价结果的可靠性。过去与石油炼制相关的 LCA 清单中，污染物排放量核算不够精确，大多采用排放系数核算或从国外数据库获取数据，不重视 VOCs 等无组织气体排放量的核算。

目前石油炼制 LCA 研究存在的不足之处包括但不限于：

① 关于石油炼制的 LCA 评价大多为具体炼油产品的环境影响评价。产品层面的环境影响评价一般将石油炼制过程作为一个整体进行"黑箱"处理，无法从根源上识别石油炼制过程产生环境影响的关键装置、具体环节和主要物质，且不能全面反映石油炼制行业的整体影响。

② 用于 LCA 的清单不够精准，主要体现在：a.清单未考虑辅助生产系统及辅料辅剂使用过程的环境影响；b.污染物排放清单忽略无组织排放源，低估无组织排放的甲烷、VOCs 造成的环境影响；c.部分污染物排放量直接使用国外数据库数据，国外与我国本地炼油企业的差异性导致评价结果出现误差。

5.2　案例介绍及清单分析

本节在对生命周期评价方法进行概述基础上，针对现有 LCA 研究存在的不足，以我国典型中等规模炼油企业为案例，结合前面建立的碳排放核算方法，建立了基于过程的石油炼制企业生命周期评价本地化清单，采用生命周期评价的方法从工业过程层面识别全厂减排的控制重点，对重点过程的主要贡献环节及物质进行深层次追踪溯源；同时对工业过程加工单位原料产生的综合环境影响进行量化评价，从单位综合环境影响的角度评价工业过程环境影响水平，为生产过程优化调整提供技术支撑。

5.2.1 评价范围及目的

功能单位是 LCA 研究中建立清单和实施环境影响评价的参照单位，生产系统中各过程的物质、资源等输入输出和环境影响以功能单位为基准进行量化[88]，使得不同文献研究具有一个统一的计量输入和输出基准。本书研究对象是整个石油炼制过程，故以炼制万吨原油为功能单位，所有炼制过程的原辅材料消耗、资源能源消耗、污染物排放、固体废物处理等过程都基于此功能单位进行换算。

系统边界是石油炼制过程与环境和其他生产系统之间的界面，确定了此评价过程所包含的生产单元和相应的生产要素。结合典型石油炼制工艺流程，采用"从摇篮到坟墓"方法，确定了从原油勘探开采到进厂直至产品出厂的所有生产过程，包括核心生产装置及辅助生产系统，如图 5-1 所示。

图 5-1 中灰色方框代表核心生产装置，包括常减压、催化重整、催化裂化、延迟焦化、柴油加氢、汽油吸附脱硫、干气液化气脱硫、液化气分离、MTBE、有机原料及产品储存调和装卸等。辅助生产系统是为支持生产装置而配置的公共系统，包括新鲜水和循环水厂、动力站（包括除盐水生产）、污水处理厂、污水汽提、硫黄回收、制氢装置。每个生产过程皆涉及上游原辅材料及资源能源的生产过程、现场污染物的排放及废水和固体废物处理过程。

炼油过程各生产装置的主要原料皆来自原油，原油进厂后首先经过常减压分为不同的馏分，后续的生产装置以不同馏分油为原料进行深加工，因此原油自身带来的环境影响随着企业物料的流动不断延续下去，为各个生产装置共享。即上游原油开采和运输过程所带来的环境影响包含在整个炼油范围内，而不隶属于某个具体的生产装置，可看作与各个生产装置并列的一个单独过程。因此本书将系统边界分为，炼油厂水平和工业过程水平两部分。炼油厂水平将炼油厂作为一个整体，包括上游的原油开采运输过程和石油炼制过程；而工业过程水平包括所有的石油炼制过程，不考虑原油开采和运输过程，在工业过程水平范围内各个工业过程为基本单元。对于工业过程水平，涉及范围包括所有辅剂、从其他过程来的资源能源、现场排放的污染物、固体废物的处理，不包括主要的原料及产品。

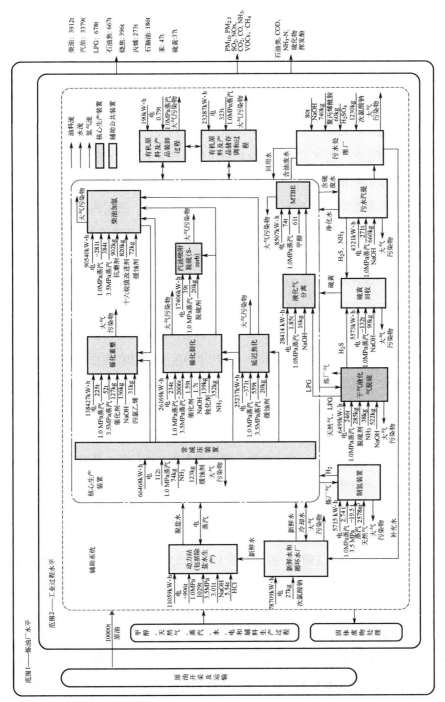

图 5-1 石油炼制环境影响评价系统边界

5.2.2　清单分析

产品生命周期评价（PLCA）是一种自下而上的分析方法，对石油炼制而言，需建立这一活动全生命周期各个具体过程的资源能源及污染物排放的输入输出清单，从而精准量化该活动产生的环境影响。炼油厂现场各过程的输入输出清单为表层清单，完整的生命周期清单数据需要在此基础上进而延伸至这些输入的生产过程清单，直至最初的矿石和化石能源勘探开采阶段[89]。然而，在有限的时间内完成以上工作几乎是不可能的，因此本书中表层清单中的各输入的生产过程产生的环境影响采用数据库获取的数据。

本书中表层清单数据来源于我国炼油厂的现场实际调查，进而构建了全厂及生产过程两个维度的本地化石油炼制过程表层生命周期清单，如表 5-1、附表 2、附表 3 所列。该清单可为本地化石油炼制 LCA 数据库的进一步完善提供研究案例，同时为相关下游产业及产品的 LCA 评价提供数据依据。清单中原油主要为国产中间基原油，全厂及各生产装置的原辅材料消耗量、资源能源消耗量，及产品、中间产品、副产品产出量来自企业管道内置仪表年累计数据，氢氧化钠、盐酸、催化剂等各种辅剂来源于企业各生产装置年度报表。外购甲醇用于 MTBE 的生产，天然气用于干气制氢装置生产氢气，氢氧化钠主要用于动力车间除盐水的生产、催化裂化烧焦烟气脱硫除尘及气体脱硫等装置，絮凝剂（主要成分聚丙烯酰胺）、次氯酸钠主要用于污水处理，十六烷值改进剂（主要成分硝酸酯）、抗磨剂（主要成分脂肪酸）主要用于柴油加氢装置。本书中，企业消耗能源类型为电、炼厂气、蒸汽、天然气，企业所需电大部分来自外购煤基电，蒸汽、炼厂气自产自用，剩余蒸汽外供周围居民小区。清单中镍、NO_x 排放量采用企业 12 个月自行监测平均值；SO_2 根据燃料消耗量及硫含量确定；各工业过程 $PM_{2.5}$、PM_{10}、VOCs、CO、CO_2 排放量根据本书第 2 章建立的精准化碳核算方法确定，各排放源 VOCs 成分见附图 1；清单中水体污染物及固废根据企业例行监测报告、生产统计报表确定。各生产装置资源能源输入输出量及污染物排放量之和为全厂输入输出量、排放量。

清单所需背景数据（各原辅料、资源能源的上游生产过程数据）采用四川大学建立的中国本地化 CLCD 数据库，该数据库包含了我国 600 余条原辅料、能源等生产过程的 LCA 数据。但该数据库中缺乏石油炼制过程固废处理数据，因此本书固废处理过程背景数据来自欧洲 Ecoinvent 数据库。由于目前数据库对各种辅料的生产信息非常缺乏，故部分辅料背景数据采用辅料的主要成分代替，如十六烷值改进剂采用硝酸酯代替。

表5-1　全厂（范围1即炼油厂水平）生命周期清单

类别	物质名称	单位	数值
原辅料	原油	t	10000
	甲醇	t	44.41
	天然气	t	1.86
	新鲜水	t	7427.28
	NaOH	t	6.43
	HCl	t	5.92
	催化剂	t	5.32
	次氯酸钠	t	1.23
	絮凝剂（聚丙烯酰胺）	t	0.74
	液氨	t	0.46
	缓蚀剂	t	0.22
	抗磨剂（脂肪酸）	t	0.90
	十六烷值改进剂（硝酸酯）	t	0.82
	其他辅剂	t	0.48
能源	电	kW·h	565007.51
	外供1.0MPa蒸汽	t	−154.17
气体排放	$PM_{2.5}$	t	0.16
	PM_{10}	t	0.17
	SO_2	t	0.71
	NO_x	t	1.54
	TVOCs	t	3.21
	CO	t	141.86
	CO_2	t	1738.77
	NH_3	kg	4.32
	镍	kg	31.18
水体排放	废水	t	2961.00
	石油类	kg	1.63
	COD	kg	118
	总磷	kg	9.34
	总氮	kg	20.91

类别	物质名称	单位	数值
水体排放	硫化物	kg	0.08
	氰化物	kg	0.06
	镍	kg	0.30
	砷	kg	0.01
	甲苯	kg	0.17
	乙苯	kg	0.08
	二甲苯	kg	0.54
	苯	kg	0.18
固体废物排放	废催化剂	t	4.59
	废树脂	t	0.06
	盐泥	t	0.03
	碱渣	t	1.13
	废活性炭	t	0.12
	油泥	t	2.56

5.3 构建评价方法

5.3.1 评价指标及方法

本研究采用 Recipe 模型[90]进行核算，该模型涵盖了较全面的环境影响类别核算方法，是 LCA 分析领域中应用最广泛的方法之一。根据过程清单中涉及的输入输出物料及排放的污染物种类，确定本次评价的环境影响类别包括 14 类，分别为气候变化 (climate change, CC)、臭氧耗竭 (ozone depletion, OD)、细颗粒物形成 (particulate matter formation, PMF)、人类毒性 (human toxicity, HT)、电离辐射 (ionizing radiation, IR)、光化学氧化形成 (photochemical oxidant formation, POF)、陆地酸化 (terrestrial acidification, TA)、陆地生态毒性(terrestrial ecotoxicity, TET)、淡水富营养化 (freshwater eutrophication, FE)、淡水生态毒性 (freshwater ecotoxicity, FET)、海洋富营养化 (marine eutrophication, ME)、海洋生态毒性 (marine ecotoxicity, MET)、

化石资源耗竭（fossil depletion，FD）、水资源耗竭（water depletion，WD）。

为了使不同环境影响类别之间可比较，对各类环境影响值进行了标准化处理，标准化因子采用 Sleeswijk 等[91]建立的全球水平各类指标的环境影响值。该方法是从影响"量"的角度评价各工业过程环境影响，即不同工业过程原料加工量不同，而各工业过程产生的环境影响对全厂的贡献率包含了原料加工量的影响。

5.3.2　单位综合环境影响

为排除原料加工量对各过程的环境影响，本书对"单位综合环境影响"进行了量化。本书中"综合环境影响"是指各工业过程包含所有环境影响类别在内的总环境影响水平，"单位综合环境影响"是指各工业过程加工吨原料产生的综合环境影响。从单位综合环境影响的角度（即"强度"）识别重点装置，排除了各过程原料加工量大小对评价结果的影响，也为最优生产装置组合路线的规划提供一定的理论参考。

为更好地体现不同工业过程的环境影响区别，将辅助生产系统的环境影响采用质量原则分配到各生产装置。具体分配顺序如下：a. 将新鲜水厂的环境影响根据各生产过程的新鲜水用量分配到各生产装置；b. 动力车间除盐水工序环境影响根据除盐水用量分配；c. 污水厂环境影响先分配到污水汽提装置及各生产装置，然后根据各生产装置的循环水用量将循环水厂环境影响分配到各生产装置，进而根据各生产装置含硫废水产生量将污水汽提环境影响分配到各生产装置；d. 加氢装置环境影响需将氢气的环境影响考虑在内；e. 将固废处理过程环境影响根据各过程固体废物产生量进行分配。生产过程层面氢气的背景数据根据 CLCD 数据库中生产氢气的市场平均水平确定。由于原油自身带来的环境影响并不隶属于具体的某个生产装置，因此本书未对上游原油开采与运输过程的环境影响进行分配。

分配后，各工业过程吨原料综合环境影响的量化方法为：以常减压吨原料产生的各类环境影响为基准值，对其他生产装置环境影响进行无量纲化，采用均等化权重赋值，通过线性加权确定各生产装置吨原料综合影响值，具体核算方法如式（5-1）、式（5-2）所示：

无量纲化：
$$X'_{u,i} = \frac{X_{u,i}}{X_{常减压,i}} \tag{5-1}$$

线性加权：
$$Y_u = \sum_{i=0}^{10} w_i X'_{u,i} \tag{5-2}$$

式中　　　$X'_{u,i}$ ——u 生产装置加工吨原料产生的环境影响 i 的无量纲化值；

$X_{u,i}$、$X_{常减压,i}$ ——u 生产装置及常减压装置加工吨原料影响 i 的实际值；

Y_u ——u 生产装置加工吨原料的综合环境影响值；

w_i ——影响 i 的权重值，取值 1。

5.4 评价结果

5.4.1 主要影响类别分析

全厂环境影响及标准化结果如图 5-2、表 5-2 所示，工业过程层面的环境影响评价结果见附表 4。由于未能获取全球水平的水资源耗竭标准化因子，故标准化结果中未包括水资源耗竭指标。对于全厂，石油炼制过程对 FET 及 CC 影响较大，在 PMF、OD、POF、HT、TA 及 FE 也有一定的影响。对于工业过程水平，即不考虑上游原油生产过程时，石油炼制过程对 CC、OD、HT 的影响最大，对 PMF、POF、TA 影响明显，对 TET、FET 及 FE 影响较小，其他环境影响可忽略不计。因此石油炼制行业的主要环境影响类别为 OD、CC、HT、PMF、POF、TA、TET、FET 及 FE，其中影响较大前 5 类指标主要与人类健康相关，故石油炼制过程对人类健康影响较大，其他环境影响较小，在之后的章节不再进一步分析。

原油自身所带来的环境影响是石油炼制全生命周期环境影响的主导因素，除臭氧耗竭影响外，对其他环境影响贡献率皆达 50% 以上（图 5-2）。可见，上游产业对石油炼制过程环境影响更大。对传统炼油企业而言，原油作为主要原料是不可替代的，且企业非常重视对原油管理，原油的利用率已尽可能地达到最大化，因此从炼油企业角度降低原油生产环境影响的潜力不大，从上游原油勘探开采企业角度控制污染物排放对降低总体环境影响的成果会更为显著。

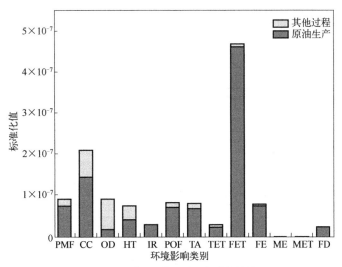

图 5-2　全厂环境影响及标准化结果

表 5-2　炼油厂环境影响评价结果（基于功能单位）

环境影响类别	缩写	单位	数值
particulate matter formation	PMF	kg PM$_{10}$ eq	8883.804
climate change	CC	kg CO$_2$ eq	8814747
ozone depletion	OD	kg CFC-11 eq	18.52977
human toxicity	HT	kg 1,4-DCB eq	657858.5
ionizing radiation	IR	kg U235 eq	224174.1
photochemical oxidant formation	POF	kg NMVOC	29083.8
terrestrial acidification	TA	kg SO$_2$ eq	27521.62
terrestrial ecotoxicity	TET	kg 1,4-DCB eq	1444.55
freshwater ecotoxicity	FET	kg 1,4-DCB eq	14359.03
freshwater eutrophication	FE	kg P eq	295.95
marine eutrophication	ME	kg N eq	26.81
marine ecotoxicity	MET	kg 1,4-DCB eq	11432.11
fossil depletion	FD	kg 原油 eq	10438738
water depletion	WD	m³ H$_2$O	95696.58

注：CFC 为氯氟烃；1,4-DCB 为 1,4-二氯苯；NMVOC 为非甲烷挥发性有机物。

5.4.2　重点贡献环节识别

各主要生产装置及辅助系统对环境影响的贡献情况如图 5-3（彩图见书后）、表 5-3 所示。为进一步解析各主要装置的关键贡献环节，图 5-4（彩图见书后）提供了具体生产环节对重点生产装置的贡献结果。

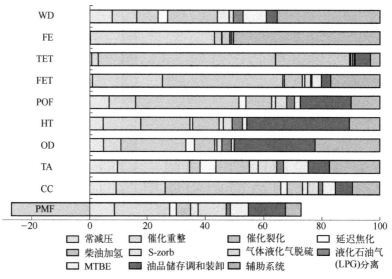

图 5-3　各生产装置对主要环境影响类别的贡献情况

表 5-3　各辅助过程对辅助系统总环境影响的贡献率　　　　单位：%

影响类别	硫黄回收	干气制氢	污水气体	动力站	新鲜水厂	污水厂	循环水厂	固体废物处理	合计
PMF	−73.66	−1.21	186.79	−114.61	4.67	26.88	64.98	6.15	100
CC	−14.31	43.46	39.26	−30.07	2.35	13.40	42.93	2.97	100
OD	0.00	1.15	0.00	0.00	0.00	21.80	77.04	0.01	100
HT	0.02	3.52	1.13	4.52	0.20	7.77	80.65	2.20	100
POF	5.21	2.35	4.28	1.67	0.42	14.43	65.56	6.07	100
TA	2.45	1.66	28.75	12.91	2.47	13.44	34.34	3.98	100
FET	−1.50	0.38	3.97	1.89	0.18	68.72	5.91	20.47	100
TET	−0.23	1.98	0.57	24.72	0.02	2.22	42.49	28.22	100
FE	−0.03	3.09	0.03	0.26	0.01	76.25	0.12	20.27	100
WD	0.55	11.48	4.86	−2.41	0.65	2.37	81.94	0.57	100

对于细颗粒物形成环境影响，重点产生装置为催化重整、常减压、油品储存，贡献率皆为 10% 以上。以上装置影响大的主要原因为蒸汽、电力的消耗量较大（见图 5-4）。催化裂化、柴油加氢过程也是全厂较大的蒸汽、电力消耗源，但由于该装置存在部分蒸汽输出，抵消了部分环境负荷。例如，催化裂化装置通过烧焦烟气能量的回收，提供了全厂 70% 以上的蒸汽需求，减少了全厂近 30% 的环境影响；柴油

加氢装置虽然使用了大量的高压蒸汽，但高压蒸汽使用后以低压蒸汽形式输出，降低了总体环境影响。油品储存过程需要大量蒸汽来保持油品温度；常减压、催化重整、催化裂化、柴油加氢，作为全厂核心加工过程，相比其他装置，原料加工量大、工艺流程长、设备多，相应的电力、蒸汽消耗较大。优化电力、蒸汽利用水平是降低细颗粒物形成环境影响的重点。

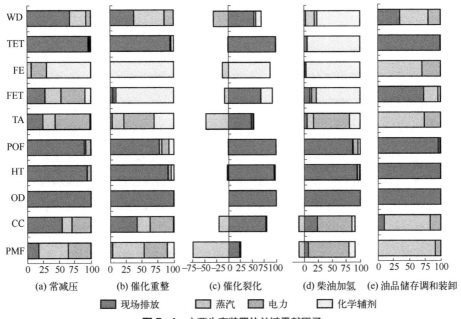

图 5-4 主要生产装置的关键贡献因子

对气候变化贡献较大的生产装置是催化裂化、催化重整、常减压，现场的碳排放是以上装置主要贡献环节。催化剂现场烧焦环节产生的影响占催化裂化装置总影响的 129%，常减压及催化重整是全厂炼厂气燃烧量最多的装置，催化重整催化剂的间歇烧焦也是装置现场排放影响大的原因之一。相比以上主要贡献装置，其他装置造成气候变化的主要贡献环节为电力热力的间接消耗。由第 3 章行业催化烧焦源碳排放核算过程可知，焦炭的产生率与剂油比、待生及再生催化剂的碳差有关。其中，剂油比是生产装置用来适应不同原料、产品及催化剂变化的重要参数。对于原料重、胶质高的装置，通过加大剂油比参数来增加反应深度、催化剂的宏观活性及对生产产品的选择性[88]。因此，催化剂烧焦过程的碳排放量受原料性质影响较大。造成陆地酸化影响的主要装置为催化重整、常减压、柴油加氢，外购电力的间接排放是以上装置的主要贡献环节，重整催化剂及柴油加氢催化剂是导致陆地酸性影响的第二大贡献环节。催化裂化因蒸汽的输出及安装的脱硫脱硝装置，SO_2、NO_x排放量少，对陆地酸化影响较小。提高催化裂化原料性质，减少炼厂气、电力、热力消耗量是降低气候变化、陆地酸化影响的重点。

对于臭氧耗竭、人类毒性及光化学氧化形成影响，70%以上是由油品储存调和及装卸、催化裂化、催化重整、循环水厂现场排放的VOCs造成的。根据排放清单，油品储存、循环水厂及生产装置是全厂VOCs的主要排放源，总占比约90%。柴油罐是油品储存的主要贡献源。目前企业柴油大多采用固定顶罐储存，而挥发性较大的原油、汽油全部采用浮顶罐储存；由第2章案例核算结果可知，固定顶柴油罐的VOCs排放系数分别是内外浮顶柴油罐的7.5倍、16.1倍；同时柴油的周转量占总周转量的20%，仅次于原油，故罐型及周转量是柴油罐VOCs挥发性大的原因。催化裂化是全厂核心装置，易泄漏设备多（如阀门、法兰、连接件等）；催化重整装置原料为蜡油、石脑油等相对较轻组分油，易挥发；除与自身生产工艺及原料属性有关外，与管理水平也有一定的关系，如开展泄漏检测与修复的频次等。目前我国循环水厂大多为敞开式，各生产装置的高温来水在循环水厂经过空冷降温后返回各生产装置循环使用，此过程中，各生产装置泄漏到循环水中的油气通过敞开液面进入大气，从而造成VOCs挥发。控制油品储存、循环水厂、催化裂化、催化重整装置的VOCs排放是控制臭氧耗竭、人类毒性及光化学氧化形成影响的关键。

对于淡水生态毒性，催化裂化、催化重整及污水厂影响最大，现场排放及辅剂自身所带的环境影响是催化裂化的主要贡献环节。催化裂化装置贡献因子包括80%的现场排放及27%的上游催化剂生产，烧焦过程催化剂中的镍元素部分随烟气排入大气，从而产生较大的现场环境影响。而催化重整装置烧焦过程为间歇式，且催化剂用量较小，现场排放贡献占比较小，90%以上来自催化剂自身所带的环境影响。各生产装置催化剂烧焦烟气中的镍通过脱硫、碱洗等过程可进入各生产装置废水中，最终汇集进入污水厂，是污水厂对淡水生态毒性影响较大的原因。陆地生态毒性受大气镍影响较大，大气镍主要来自催化裂化装置连续催化烧焦现场排放、柴油加氢抗磨剂的上游生产过程；催化重整催化剂由于间歇烧焦大气镍排放量相对较小。故对于生态毒性影响，优化原料性质、降低催化剂消耗量、控制烧焦过程镍排放是淡水生态毒性的控制重点。

水资源耗竭方面，全厂现场损耗占比60.24%，相比能源生产使用过程（15.96%），辅料辅剂自身带有的环境影响更大，占 23.80%；主要的贡献装置为循环水厂、柴油加氢、催化重整、MTBE、常减压及催化裂化装置。40%的现场损耗来源于循环水厂，目前炼油企业循环水系统大多为敞开式，水资源与空气直接接触，造成水损失的同时也容易造成水中 VOCs 的挥发。各生产装置高温来水冷却过程的水蒸发、风吹损失、系统泄漏、旁滤效率低、反洗用水量大等都对水资源耗竭有一定的贡献[92]，循环系统的新鲜水补水量占企业总消耗量23%，是全厂水损失最大环节。柴油加氢对水资源耗竭的贡献为16.98%，其中76%来源于十六烷值改进剂及抗磨剂自身所带的环境影响。催化重整、常减压装置水耗竭主要原因为现场水损失及蒸汽的生产使用过程，现场水损失主要来源于油料冷凝环节的空冷、水冷过程，蒸汽生产使用过程部分水资源通过疏水阀、通气孔等挥发损失。MTBE 水资源耗竭主要来源于外购甲醇，占比71%，另有24%来源于装置现场的空冷水冷。催化裂化过程主要来源于现场水损失，包括烧焦烟气带走的水、生产蒸汽损失的水等。综上，循环水厂循环水冷却过程、关键装置现场水冷效率、辅料辅剂的使用是降低水资源耗竭影响的重点。

综上，造成全厂环境影响的主要装置包括催化裂化、催化重整、常减压、柴油加氢、油品储存、循环冷却系统。现场排放的VOCs 是人类毒性、臭氧耗竭、光化学氧化形成的主要贡献因子；炼厂气燃烧、电力热力的使用是气候变化、细颗粒物形成及陆地酸化的主要原因；催化剂的生产使用导致的直接或间接的镍排放是造成生态毒性、淡水富营养化的主导因素；现场循环水的冷却及油料空冷水冷过程、上游辅料辅剂生产过程是导致水资源耗竭的重要环节。以上环节的主要影响因素包括原料性质、生产工艺、油品储存设备及管理水平等。

5.4.3 关键贡献物质分析

造成环境影响的主要贡献物质如图 5-5 所示（彩图见书后）。VOCs 是造成人类毒性、臭氧耗竭的主要物质。如 79%的人类毒性和近乎 100%的臭氧耗竭是由 VOCs 中的丙烯醛、四氯化碳、氯氟烃（CFC）导致的，镍及氢氟酸对人类毒性也有一定的影响。VOCs 中的氯、氟元素可能来自原油、原油开采炼制过程中添加的辅剂催化剂等。VOCs 及氮氧化物是光化学氧化形成的主要原因。对于气候变化影响，CO_2 是主要贡献物质，占比86%左右，剩余的14%主要来自甲烷、CO 及 VOCs。SO_2、PM、NO_x是造成细颗粒物形成、陆地酸化影响的主要物质。而大气镍、水中的镍、水中的溴、水中的钴及大气中的丙烯醛是产生淡水生态毒性的主要原因；陆地生态毒性主要来源于大气镍、大气丙烯醛及氯氰化物的排放；淡水富营养化主要由排放入水中的磷及磷化物导致。

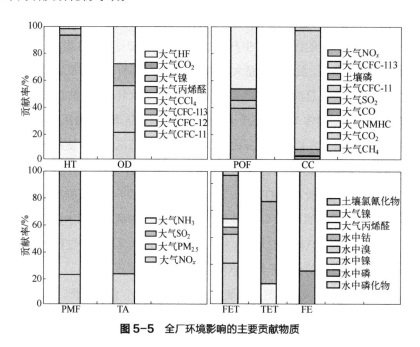

图 5-5 全厂环境影响的主要贡献物质

5.4.4 综合环境影响评价

根据综合环境影响量化方法，各核心生产装置加工单位原料产生的综合环境影响如表 5-4、图 5-6 所示，辅助系统各生产单元环境影响分配比例见附表 5。由表 5-4、图 5-6（彩图见书后）可知，柴油加氢对环境影响最大，次之为催化裂化、催化重整（含苯抽提）、MTBE，延迟焦化、常减压对环境影响最小，二次加工结构中加氢及重整类装置占比越大行业造成的环境影响就越大。相比上文主要生产装置识别结果，柴油加氢的环境影响更为明显、常减压装置影响降低。氢气的使用是拉开柴油加氢环境影响与其他装置距离的主要原因。加氢处理是目前提高油品品质的主要方式，加氢裂化、加氢精制在二次加工结构中的占比从 2000 年的 19.74%大幅度提升到 2016 年的 50.17%，氢气用量今后将逐渐增大，如何降低氢气生产过程的环境影响将会成为今后的发展重点。常减压综合环境影响的降低与原料加工量有关，作为石油炼制工艺的第一个工序，其原料加工量是全厂最大的，加工规模因素对常减压装置环境影响变化效果最显著。

表 5-4 核心生产装置加工吨原料综合环境影响量化值

影响类别	常减压	催化重整	催化裂化	延迟焦化	柴油加氢	S-zorb	气体分离	MTBE	油品储存调和装卸
CC	1	10.15	8.72	1.09	16.98	3.23	1.41	5.00	0.55
PMF	1	10.46	-3.68	1.21	19.31	3.82	1.26	6.54	1.11
TA	1	13.67	1.88	2.21	19.07	3.82	2.10	8.91	0.64
TET	1	20.11	163.80	0.84	111.85	7.71	8.21	4.46	6.72
POF	1	8.29	11.37	1.57	9.26	1.93	3.69	3.57	2.36
FET	1	50.32	30.86	1.35	127.93	20.21	1.69	13.41	1.18
HT	1	16.60	9.05	1.05	6.96	1.89	7.03	3.91	6.80
OD	1	8.48	11.53	2.64	3.37	0.88	5.91	2.74	4.60
FE	1	44.00	4.86	0.89	14.57	2.21	0.47	2.07	0.31
WD	1	8.61	6.11	2.36	4.82	2.29	4.72	15.43	0.41
合计	10.00	190.69	244.50	15.21	334.12	47.99	36.49	66.04	24.68

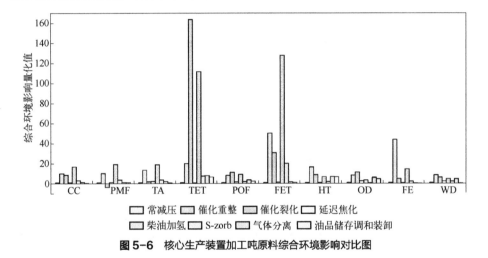

图 5-6 核心生产装置加工吨原料综合环境影响对比图

5.4.5 敏感性分析

对全厂主要贡献环节变化 5%引起的环境影响波动进行了分析，以分析各生产环节减排引起的总环境影响变化，如图 5-7 所示（彩图见书后）。除 OD 外，对于其他的环境影响类别上游的原油生产过程减排对全厂的环境影响最大。对炼油企业来说，减少原油生产过程的环境影响较难；但炼油厂消耗的能源大部分来自原油，提高全厂的能源利用效率，从某种程度来说间接减少了对原油的消耗，从而降低原油的环境影响。炼油厂的现场减排对 CC、OD、HT、POF、TET 影响较大，是降低总环境影响的第二大因素，也是炼油企业的控制重点。电力的减排对 PMF、CC、TA

有较明显的影响，辅剂的生产对 PMF、CC、TA、TET 有一定的影响。因此，努力减少炼油企业的现场排放、提高能源利用效率对降低环境影响贡献较大，同时也要注意辅剂的优化使用，以降低对生态毒性的影响。

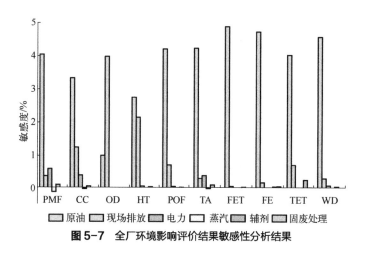

图 5-7 全厂环境影响评价结果敏感性分析结果

5.5 不确定性分析

由于本章为案例研究，清单中表层数据基本全部来自企业管道内置计量仪表累积的一年数据，误差较小，评价结果的不确定性主要来自背景数据，主要包括以下方面。

① 工业过程层面采用的氢气背景数据来自数据库中的市场平均数据，但在该炼油厂中，大部分氢气来源于催化重整装置自产，小部分来源于干气制氢。催化重整生产氢气的环境影响包含在了催化重整工业过程中，氢气的实际环境影响要小于市场平均数据，会造成部分用氢装置环境影响的高估。

② 各工业过程电力的背景数据同样来自数据库数据，而该案例中企业利用催化装置烧焦烟气回收的能量自产小部分电，企业实际电力的背景数据要小于数据库数据，因此本次评价中，各工业过程因电力带来的环境影响略高于实际影响水平。

③ 由于数据库中催化剂等辅料背景数据的缺失，本书采用辅料的主要成分代替，未考虑其他成分的环境影响，故导致辅料相关环境影响小于实际影响水平。

④ 本书在综合环境影响方面，采用均等化权重赋值方法对各评价指标进行了叠加，然而不同环境影响的权重比较复杂，均等化赋值导致最终结果存在一定的不确定性。

第 6 章

石油炼制行业碳减排路径及其协同效应

6.1 碳减排政策与措施

6.1.1 碳减排政策

自2020年9月习近平总书记提出"双碳"目标以来,我国政府陆续颁布印发了系列低碳相关政策,对碳达峰碳中和工作的总体思想目标、实施方案、能源转型、科技支撑、金融支撑等方面进行整体决策部署。各地方及行业根据自身特点,结合中央政府战略部署,纷纷制定了对应的碳达峰碳中和工作实施方案等,以促进经济社会绿色低碳全面转型,确保"双碳"目标的实现。本章对国家层面、地方层面及行业层面碳达峰碳中和相关政策文件中涉及的目标及重点任务进行了梳理总结,分析了各政策间目标、原则、任务、途径等方面的协同效应及差异性,归纳了石油炼制行业实现"双碳"目标的总体方向和路径,具体如下所述。

(1)国家层面

2021年3月,《中华人民共和国国民经济和社会发展第十四个五年规划和2035年远景目标纲要》发布,该纲要主要阐明国家战略意图,明确政府工作重点,是我国各族人民共同的行动纲领。该纲要指出,"十四五"时期生态文明建设要实现新进步,单位国内生产总值能耗和二氧化碳排放要分别降低 13.5%、18%。关于现代能源体系建设,要求加快发展非化石能源,坚持集中式和分布式并举,大力提升风电、光伏发电规模,非化石能源占能源消费总量比重提高到20%左右。环境质量方面,要求深入开展污染防治、全面提升环境基础设施水平、严密防控环境风险、积极应对气候变化、健全现代环境治理体系。

2021年9月,国务院发布《中共中央 国务院关于完整准确全面贯彻新发展理念做好碳达峰碳中和工作的意见》,为我国各领域碳达峰碳中和工作奠定了整体基调。该意见提出了较为准确的总体要求和主要目标,从经济社会全面绿色转型、深度调整产业结构、构建清洁低碳安全高效能源体系、推进低碳交通运输体系建设、提升城乡建设绿色低碳发展、加强绿色低碳科技攻关、巩固提升碳汇能力等方面提出了具体详细的要求。

2021 年 10 月，国务院印发《2030 年前碳达峰行动方案》，该方案以碳达峰为目标，提出了具体实施方案和要求。该方案工作原则要求：稳妥有序、安全降碳，立足我国能源资源禀赋，稳住存量、拓展增量，以保障国家能源安全和经济发展为底线，推动能源低碳转型平稳过渡。该方案提出到 2025 年，非化石能源消费比重达到 20%左右，单位国内生产总值能源消耗比 2020 年下降 13.5%，单位国内生产总值二氧化碳排放比 2020 年下降 18%。重点从能源绿色低碳转型、节能降碳增效、工业领域碳达峰、城乡建设碳达峰、交通运输绿色低碳、循环经济助力降碳、绿色低碳科技创新、碳汇能力巩固提升、绿色低碳全民行动、各地区梯次有序碳达峰 10 个方面展开行动。涉及石化行业内容包括：a 油气消费方面，要求逐步调整汽油消费规模，大力推进生物液体燃料等替代传统燃油，提升终端燃油产品能效；b. 工业领域方面，鼓励钢化联产，探索开展氢冶金、二氧化碳捕集利用一体化等试点示范，推动低品位余热供暖发展；c. 石化行业方面，要求优化产能规模和布局，有序发展现代煤化工，推动石化化工原料轻质化，拓展富氢原料进口来源，促进石化化工与煤炭开采、冶金、建材、化纤等产业协同发展，到 2025 年，国内原油一次加工能力控制在 10 亿吨以内，产品产能利用率提升至 80%以上。

2021 年 10 月，国家发展改革委、工业和信息化部等 5 部门联合发布《关于严格能效约束推动重点领域节能降碳的若干意见》，该意见提出到 2025 年，钢铁、电解铝、水泥、平板玻璃、炼油、乙烯、合成氨、电石等重点行业和数据中心达到标杆水平的产能比例超过 30%。

2021 年 12 月，国务院印发《"十四五"节能减排综合工作方案》，提出到 2025年，全国单位国内生产总值能源消耗比 2020 年下降 13.5%，能源消费总量得到合理控制，化学需氧量、氨氮、氮氧化物、挥发性有机物排放总量比 2020 年分别下降 8%、8%、10%以上、10%以上。

2022 年 2 月，国家发展改革委等 4 部门联合发布《高耗能行业重点领域节能降碳改造升级实施指南（2022 年版）》（以下简称《实施指南》），围绕炼油、水泥、钢铁、有色金属冶炼等 17 个行业，提出了具体的节能降碳改造升级工作方向和到 2025年的具体目标。

2022 年 6 月，生态环境部、国家发展改革委等 7 部门联合印发《减污降碳协同增效实施方案》，该方案工作原则要求：突出协同增效，强化目标协同、区域协同、领域协同、任务协同、政策协同、监管协同，增强生态环境政策和能源产业政策协同性；强化源头防控，紧盯环境污染物和碳排放主要源头，突出主要领域、重点行业和关键环节，加快形成有利于减污降碳的产业结构、生产方式和生活方式。对于工业领域协同增效，要求探索产品设计、生产工艺、产品分销以及回收处置利用全产业链绿色化，加快工业领域源头减排、过程控制、末端治理、综合利用全流程绿色发展，推进工业节能和能效水平提升，石化行业加快推动"减油增化，推动炼炼副产能源资源与建材、石化、化工行业深度耦合发展"；加大氮氧化物、挥发性有机物（VOCs）以及温室气体协同减排力度，优化治理技术路线，推进大气污染防治协同控制。

2022 年 6 月，科技部等 9 部门联合印发了《科技支撑碳达峰碳中和实施方案（2022—2030 年）》，该方案对能源绿色低碳转型支撑技术（煤炭清洁高效利用技术、新能源发电技术、智能电网技术、储能技术、氢能技术等）、低碳与零碳工业流程再造技术（低碳零碳钢铁、水泥、化工、有色等重点工业行业）、城乡建设与交通低碳零碳技术、负碳及非二氧化碳温室气体减排技术、前沿颠覆性低碳技术等方面提出了相关技术要求和目标。其中化工领域聚焦于研究可再生能源规模化制氢技术、原油炼制短流程技术、多能耦合过程技术等。

2022 年 6 月，工业和信息化部等 6 部门联合印发了《工业水效提升行动计划》，提出到 2025 年，全国万元工业增加值用水量较 2020 年下降 16%，石化化工行业主要产品单位取水量下降 5%，即石油炼制行业单位产品取水量从 2020 年的 0.6m³/t 降到 0.57m³/t，力争全国规模以上工业用水重复利用率达到 94%左右；石化化工行业方面，需攻关关键核心技术（炼化企业的闭式循环冷却塔、中水适度处理梯级回用、高浓度工业废水循环利用、高效冷却和洗涤等节水技术装备）、强化改造升级（水平衡测试及优化分析、管网漏损检测与修复以及推动上游企业将有机物浓度高、可生化性好、无有毒有害物质的废水作为下游污水处理厂碳源补充等）、开源节流（工业废水循环利用，扩大海水、矿井水、雨水利用规模等）、强化对标达标（逐步建立节水型—节水标杆—水效领跑者三级水效示范引领体系，制修订节水管理、节水型企业、用水定额、水平衡测试、节水工业技术装备等标准，要求到 2025 年钢铁、石化化工等重点用水行业中 50%以上企业达到节水型企业标准）、加强数字赋能（工业数字水效管理系统、工业管网漏损监测与智能诊断系统、工业废水循环利用智能系统等）。

2022 年 6 月，工业和信息化部等 6 部门联合印发了《工业能效提升行动计划》，提出到 2025 年，石化化工等行业重点产品能效达到国际先进水平，规模以上工业单位增加值能耗比 2020 年下降 13.5%。对于石化化工行业而言，要求推进节能提效改造升级（加强高效精馏系统产业化应用，加快原油直接裂解制乙烯、新一代离子膜电解槽、重劣质渣油低碳深加工、合成气一步法制烯烃、高效换热器、中低品位余热余压利用等技术推广），推进跨产业跨领域耦合提效协同升级（鼓励钢化联产、炼化集成、煤化电热一体化，推动炼化、煤化工企业构建首尾相连、互为供需和生产装置互联互通的产业链，推动利用工业余热供暖以促进产城高效融合等），提升用能设备系统能效（电机、变压器、锅炉等用能设备），提升企业园区综合能效（强化工业能效标杆引领、工业企业能效管理、工业园区用能管理、大型企业能效引领作用、中小企业能效服务能力），推进工业用能低碳转型（煤炭利用高效化清洁化、工业用能多元化绿色化、终端用能电气化低碳化）。

2022 年 7 月，工业和信息化部、发展改革委、生态环境部印发了《工业领域碳达峰实施方案》，总体目标为，"十四五"期间，产业结构与用能结构优化取得积极进展，能源资源利用效率大幅提升，到 2025 年，规模以上工业单位增加值能耗较2020 年下降 13.5%，单位工业增加值二氧化碳排放下降幅度大于全社会下降幅度，重点行业碳排放强度明显下降。重点任务包括，调整产业结构[构建利于碳减排产业布局、遏制高耗能高排放低水平项目盲目发展、优化重点行业产能规模、推动产业低碳协同示范（钢化联产、炼化一体化、产业链跨地区协同布局以及首尾相连、互为供需、互联互通的产业链）]，推进节能减碳[调整优化用能结构（推进煤炭减量替代、有序引导天然气消费、推进氢能制储输运销用全链条发展）、推动工业用能电气化（电锅炉、电窑炉、电加热等技术，电能替代）、工业绿色微电网建设、节能减碳改造升级、用能设备能效]，推行绿色制造（绿色低碳工厂、供应链、工业园区、企业，清洁生产水平），发展循环经济（原料替代、再生资源循环利用、固废综合利用），加快工业绿色低碳技术变革[氢冶金、CCUS（碳捕集、利用与封存）、低碳原料替代、短流程制造、生产工艺深度脱碳、工业流程再造、电气化改造、高效储能氢能]，推进数字化转型。对于石化化工行业，增强天然气、乙烷、丙烷等原料供应能力，提高低碳原料比重；合理控制煤制油气产能规模，推广原油直接裂解制乙烯、新一代离子膜电解槽等技术，开发可再生能源制取高值化学品技术。到 2025 年，"减油增化"取得积极进展，新建炼化一体化项目成品油产量占原油加工量比例降至 40%以下，加快部署 CCUS 示范项目，到 2030 年合成气一步法制烯烃、乙醇等短流程合成技术实现规模化应用。

（2）地方层面

自国家提出"双碳"目标以来，各省市以国务院发布的《2030 年前碳达峰行动方案》为基础，结合本地碳排放特征及经济社会发展现状，分别针对"碳达峰十大行动"因地制宜地提出确保碳达峰实现的主要目标及重点任务，如吉林省、上海市、江西省、广东省等。内容包括各省市根据国家 2025 年及 2030 年非化石能源消费比重、单位地区生产总值二氧化碳排放、单位地区生产总值能耗任务要求提出了本地的量化目标及十大行动的具体方案。

（3）行业层面

石油炼制及其碳减排相关行业在节能减排节水等方面的相关政策如下。

2021 年 1 月 15 日，17 家石油和化工企业、园区及中国石油和化学工业联合会联合签署并发布了《中国石油和化学工业碳达峰碳中和宣言》，提出坚决拥护习近平主席向国际社会作出的庄严宣示，倡议并承诺：推进能源结构清洁低碳化，大力提高能效，提升高端化工产品供给水平，加快部署 CCUS、碳作原料生产化工产品项目，加大科技研发力度，增加绿色低碳投资强度等。

《石化化工重点行业严格能效约束推动节能降碳行动方案（2021—2025 年)》中，制定了炼油、乙烯、合成氨、电石等行业能效的具体基准水平和标杆水平，其中，炼油单位能量因数能耗的基准水平及标杆水平分别为 8.5kgoe/（t·因数）、7.5kgoe/（t·因数）。该数值计算参考标准为 GB 30251，该标准中规定新建炼油企业单位能量因数能耗的准入值为≤8.0kgoe/（t·因数）、先进值≤7.0kgoe/（t·因数）。重点任务包括建立技术改造企业名单、制定技术改造实施方案并稳妥组织实施、引导低效产能有序退出、推广节能低碳技术装备（重劣质渣油低碳深加工、合成气一步法制烯烃、原油直接裂解制乙烯、探索蒸汽驱动向电力驱动转变等)、推动产业协同集聚发展（坚持炼化一体化、煤化电热一体化发展方向，构建企业首尾相连、互为供需、生产装置互联互通产业链等)、修订完善产业标准、强化产业政策标准协同（项目准入条件与能效基准水平、标杆水平的衔接与匹配)、加大财政金融支持力度及配套监督管理力度等。

《炼油行业节能降碳改造升级实施指南》中指出，炼油行业能效方面存在规模化水平差异较大、先进产能与落后产能并存、中小装置规模占比较大、加热炉热效率偏低、能量系统优化不足、耗电设备能耗偏大等问题。截至 2020 年底，我国炼油行业能效优于标杆水平的产能约 25%，能效低于基准水平的产能约占 20%。该指南指出工作目标为到 2025 年，能效标杆水平以上产能占比达 30%，能效基准水平以下产能加快退出。主要工作方向包括加强技术开发应用（渣油浆态床加氢等劣质重油原料加工、先进分离、组分炼油及分子炼油、低成本增产烯烃和芳烃、原油直接裂解等深度炼化技术），加快成熟工艺普及推广（绿色工艺技术、重大节能装备、能量系统优化、氢气系统优化），淘汰落后低效产能。

工业和信息化部、发展改革委等《关于"十四五"推动石化行业高质量发展的指导意见》中提出，到 2025 年，大宗化工产品集中度进一步提高，行业产能利用率达 80% 以上，化工新材料保障水平达到 75% 以上，化工园区产值占行业总产值的 70% 以上，主要生产装置自控率达到 95% 以上，挥发性有机物排放总量比"十三五"降低 10% 以上。主要任务包括：提升创新发展水平、推动产业结构调整（科学调控产业规模、有序推进"减油增化"、延长石油化工产业链、加快低效落后产能推出）、优化调整产业布局、推进产业数字化转型、加快绿色低碳发展（推动用能设施电气化改造、增加富氢原料比重、合理有序开发绿氢绿电、开展 CCUS 工程示范、加快原油直接裂解制乙烯、合成气一步法制烯烃、智能连续化微反应制备化工产品等低碳技术开发）、着力发展绿色制造（推进全过程 VOCs 治理、加大含盐和高氨氮等废水治理力度、推进氨碱法生产纯碱废渣和废液的整治、提升废催化剂和废酸及废盐利用处置能力、推进氯乙烯生产无汞化）。

6.1.2　碳减排措施

根据第 2 章、第 3 章石油炼制企业、行业碳排放核算结果，炼油行业主要碳排放源确定为化石燃料燃烧源、催化剂烧焦源、制氢尾气源、逸散排放源及电力热力源（间接排放源），各排放源可能的减排措施如下。

（1）化石燃料燃烧源

该排放源碳减排微观上可通过优化燃料结构、提高设备能源利用效率、CCUS 等措施减少碳排放，宏观上可通过控制生产规模、优化装置结构、优化产业结构、炼化一体化等措施间接减少碳排放。

（2）催化剂烧焦源

根据对催化裂化装置变化预测，该装置规模不会发生较大变动，相应碳排放量变动不大。因此该碳排放源的减排主要通过末端 CCUS 技术实现。

（3）制氢尾气源

炼油企业大多采用天然气蒸汽重整制氢或煤制氢，产生尾气中含有大量二氧化碳。该排放源碳减排可通过采用绿氢替代、制氢尾气+CCUS 技术实现。

（4）逸散排放源

石油炼制过程的逸散排放源主要指 VOCs 逸散，主要来源包括设备泄漏、罐区逸散、装卸及循环冷却系统逸散。目前对于 VOCs 相关管控措施及标准已较为全面规范，由于工艺特点限制，尚未发现更好的解决方法。若想进一步降低该行业 VOCs 总排放，炼油企业可通过加大油品在线调和、密闭式循环冷却等先进工艺的推广力度，淘汰落后设备及减少设备泄漏等措施实现。

（5）电力热力源（间接排放源）

电力热力的消耗是炼油厂碳排放量较大的贡献源之一，可通过采用绿电从根源上解决电力热力的碳排放问题。另外，也可通过能源梯级利用、调整装置结构、炼化一体化、提高设备能效等方式减少电力热力的消耗，进而减少碳排放。

根据以上各排放源分析结果，结合国家、地方及行业相关政策文件内容，梳理石油炼制行业的碳减排重点和方向，并结合对行业企业碳排放来源、特征、影响因素及环境影响主要贡献环节分析，从源头减排、过程控制、末端治理、循环再生四个层面提出石油炼制行业可行的较为全面的碳减排措施。

6.1.2.1　源头减排

源头减排一般指通过源头减量、原料替代等措施从源头减少碳排放量。石油炼制行业的主要原料为原油及小部分的辅料、催化剂等，主要产品为成品油及部分初级化工产品。

① 源头减量方面。对于石油炼制行业，原油是成品油的主要来源，源头减量即通过控制原油加工量或原油加工规模减少行业碳排放量。

② 原材料替代方面。石油炼制行业主要原料包括常规油气与非常规油气，常规油气指纯天然油藏产的原油，非常规油气包括油砂（由地壳表层的沉积砂与沥青、黏土、水等物质形成的混合物）、重油（沥青质和胶质含量较高、黏度较大的原油）、页岩油（页岩层中所含有的石油资源）、油页岩（一种高灰分的含可燃有机质的沉积岩）。原材料替代是指可以适当扩大非常规油的使用量。辅料替代包括利用再生能源

制氢等绿氢绿电、合成氨甲醇等原料结构多元化、增加富氢原料比重等。

6.1.2.2 过程控制

过程控制主要通过结构调整、能源优化等方式减少碳排放。

（1）结构调整

结构调整主要包括产业结构调整、装置结构调整等。

① 产业结构调整方面。主要指科学调控产业总体规模，有序淘汰落后产能，减少中小规模产能占比，推进"减油增化"，延长化工产业链条，推动炼化一体化企业首尾相连互为供需互联互通产业链，提高碳作原料生产化工产品项目占比，提升高端化工产品供给水平等。

② 装置结构调整方面。提高加氢装置占比，推广原油直接裂解制乙烯、合成气一步法制烯烃，推进智能连续化微反应制备化工产品，加强渣油浆态床加氢等劣质重油原料加工装置、先进分离装置、组分炼油及分子炼油装置、低成本增产烯烃和芳烃装置等推广。

通过对生产装置综合环境影响结果分析可知，柴油加氢、催化裂化装置是全厂影响最大的装置，代表了重油加工加氢和脱碳的两种核心工艺。我国催化裂化装置在二次加工能力中占比自 2015 年以来出现小幅度增长趋势（由 2015 年 27.02%增长到 2017 年的 28.14%）[93]。由于油品质量的升级需求，加氢精制装置虽然在我国增长迅速（2016 年占比 41.37%），但与世界平均水平 55%仍有较大差距。相比催化裂化，加氢工艺对重油转化程度高、轻质油收率高、资源利用效率也高，更有利于充分加工高硫重质原油、生产清洁油品。在全球原油质量劣化、油品质量要求提高的趋势下，提高加氢装置在二次加工规模中占比是一种必然要求。然而本书核算柴油加氢装置加工吨原料的综合环境影响量化值（334）高于催化裂化装置（244），原因为氢气的使用。若不考虑氢气的影响，柴油加氢综合环境影响量化值仅为 101。炼化一体化、煤气化-联合循环生产技术（IGCC）是氢气来源的途径之一。例如，乙烯裂解过程以炼厂加氢裂化尾油为原料，裂解过程产生了副产品氢气可回供于炼厂，在炼厂与乙烯厂之间内部循环合理利用[94]。炼油企业今后应根据全厂资源需求调整炼油化工一体化思路，逐步降低催化裂化装置比重，进一步提高加氢工艺在二次加工中的占比。

（2）能源优化

能源优化主要包括提高能效水平、优化能源结构两方面。能效方面主要指提高加热炉、换热器、电机、变压器、锅炉等用能设备能效，推进中低品位余热余压利用，优化能源利用系统等。能源结构方面，主要指能源电气化、提高绿氢绿电比例等。

① 提高能效水平。装置大型化、炼化一体化是有效提高能源利用水平的重要方式。根据现有研究[20,27]，炼厂规模小于 500 万吨/年碳排放因子为 0.211t/t，大于 1000 万吨/年为 0.188t/t，燃料型炼厂碳排放因子为 0.212t/t，而炼化一体化碳排放因子为 0.193t/t，由此说明装置大型化、炼化一体对碳减排有积极作用。孙仁金等[52]提出在同等规模下，单套装置分别比双套、三套装置减少能耗约 19%、29%，可见大型化生产装置的能源利用率更高。2016 年我国炼厂平均规模 405 万吨/年（世界平均规模 754 万吨/年），我国目前仍有大量 250 万~300 万吨/年小型常减压装置，进一步转化或淘汰落后小型生产装置十分必要。炼化一体化是将炼油和化工上下游产业链通过物质交换、能量梯级利用及基础设施等途径结合在一起，实现资源最大化利用、提高能源利用效率的模式[95]，也是我国目前主推的发展形式。炼化一体化可优化资源配置、减少公共设施能源消耗、降低运输成本、提升产品附加值，同时也为装置内部、装置之间、装置与系统之间的能源梯级利用、热联合提供了条件。因此炼油行业今后需加大转化或淘汰小规模装置力度，同时进一步挖掘炼化一体化在装置之间、装置与系统之间提高能源利用效率的优势，降低能源相关环境影响。

② 优化能源结构。提高电力清洁度、拓展新能源是降低能源相关环境影响的重要方式。由行业能源类型占比变化可知，目前能源结构已大幅度降低热力、燃料油占比，转变成以电力、炼厂气、热力、液化石油气为主的相对比较清洁的结构。电力是行业用量最大的能源类型，因此提高电力的清洁度非常重要。对提供相同能量的不同类型能源产生的环境影响进行对比分析可知（图 6-1，彩图见书后），煤基电、蒸汽产生的环境影响最大，炼厂气、天然气次之，氢电最小。若将第 5 章炼油厂所用煤基电变为氢电，则气候变化（CC）、细颗粒物形成（PMF）、陆地酸化（TA）（包括原油生产过程）可降低 9%、12%、7%。目前，在我国能源政策的鼓励支持下，氢电、风电、核电、水电等清洁电力在全国电网占比逐年提升，2017 年清洁电力在电网占比达 27%。因此对于以煤基电为主的区域，应积极引进清洁电力、调整当地电网结构，减少电力带来的环境影响。另外，可逐步加大天然气消费比重，替换出

炼厂气用来生产聚丙烯、乙苯等化工原料[96-98]，在降低环境影响的同时也提高了企业经济利润。国务院发布的《能源发展战略行动计划（2014—2020 年）》[99]中也提出，提高天然气消费比重、适度发展天然气发电、大力发展清洁电力的任务。除此之外，石油的替代能源在我国能源政策推进下也得到了大力发展，例如煤制油、甲醇和生物燃料等，但替代能源的生产处于新兴阶段，尚未实现大规模生产，相应生产工艺及标准体系还需进一步完善。因此，提高清洁电力及天然气比重、积极发展氢电是目前进一步降低电力热力导致的环境影响比较可行的方式。

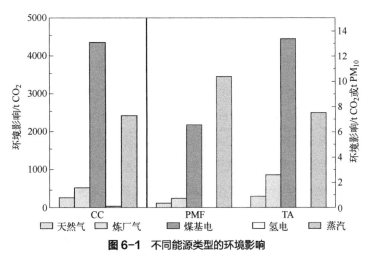

图 6-1 不同能源类型的环境影响

天然气 1631m³，炼厂气 1t，煤基电、氢电 3652kW·h，1.0MPa 蒸汽 10.8t

6.1.2.3 末端治理

（1）VOCs 减排措施

根据环境影响评价结果，VOCs 是导致光化学氧化形成、人类毒性、臭氧耗竭的主要物质。本节根据石油炼制过程 VOCs 主要排放源及控制现状，从政府监管及企业治理两方面对石油炼制过程 VOCs 减排提出对策建议。

1）政府监管方面

① 安装上下厂界在线监测设备，并开展关键生产装置的VOCs无组织排放监测。通过在线监测设备，可实时监控企业 VOCs 排放特征及减排效果，同时上下厂界监测数据可实现对环境 VOCs 排放源的精准定位和溯源，也是政府执法和管理的有力证据。对催化重整、催化裂化、加氢装置、干气制氢等 VOCs 排放量大的重点生产装置定期进行无组织采样监测，分析其 VOCs 及特征污染物的排放水平。一方面根

据监测结果可有针对性地开展泄漏检测与修复（LDAR），减少人力物力投入；另一方面从生产装置层面实现 VOCs 更精细化的管理控制，减少生产装置过程 VOCs 无组织排放。

② 实行收集效率、去除效率双重控制。VOCs 末端治理技术只能对收集到的污染物进行去除，但尚有部分 VOCs 并未进入治理设施，而是以无组织的形式挥发到大气中。在 VOCs 相关考核、政策意见、信息统计等内容中，可将收集效率考虑在内，实行收集效率、去除效率双重控制；同时也要注意排放浓度、排放总量的双重控制，减少稀释排放的可能。

③ 建立更加严格的地方 VOCs 排放标准或规划目标。立足本地企业实际情况，进一步加严 VOCs 相关排放标准或治理方案，为无组织排放管理提供依据。如我国《挥发性有机物无组织排放控制标准》（GB 37822—2019）中，在储罐特别控制要求中对真实蒸气压≥5.2kPa 但＜27.6kPa 储存进行了要求，但对储罐 VOCs 排放贡献量较大的柴油罐的真实蒸气压大都在此范围之外。因此可根据本地 VOCs 减排目标，建立更加严格的控制标准，加大减排力度，为执法人员提供法律依据。

④ 对现有石油炼制行业清洁生产标准进行更新及完善，以清洁生产审核为抓手，规范行业生产工艺、投入产出及污染控制水平。清洁生产标准是我国目前关于行业环境管理层面较全面的标准体系。《清洁生产标准 石油炼制业》（HJ/T 125—2003）[100] 的清洁生产标准包括生产工艺与装备、资源能源利用、污染物产生、产品指标及环境管理 5 个方面，基本涵盖了源头、过程及末端全要素管控。但该标准发布时间较早（2003 年），随着行业工艺及管理水平的不断提高，标准中的指标值对行业转型升级绿色发展的引领作用不明显。可通过对现有清洁生产标准的更新，增添 VOCs 相关指标，从生产工艺设备、投入产出、污染控制技术及排放水平全方面控制 VOCs 的排放，同时也对行业 VOCs 控制技术水平不一、设备混杂的现状进行统一规范，全面提高 VOCs 防控水平。

2）企业治理方面

① 可将柴油固定顶罐改为浮顶罐。柴油固定顶罐是企业罐区 VOCs 排放的重要贡献源，若将固定顶罐改为浮顶罐储存，罐区总 VOCs 排放量可降低 43%～52%，对应的工业过程层面 OD、HT、POF 将分别降低 28%、35%、17%。因此，将柴油固定顶罐替换为浮顶罐可有效减少罐区 VOCs 排放及环境影响；另外，随着国内臭氧污染加重、污染物排放标准加严，对柴油固定顶罐进行替换似乎是一种必然。

② 可采用密闭式循环水冷却系统工艺。循环水冷却系统不仅是水消耗的重要源头，同时也是重要的 VOCs 排放源之一。目前石油炼制工业循环水系统大多采用敞开式，集水池等设施直接与空气接触，各生产装置泄漏到水中的 VOCs 容易挥发到空气中。建议对循环水冷却系统进行密闭升级，并将收集到的气体进行燃烧处理，减少 VOCs 的排放，同时减少水损失。

③ 可采用油品在线调和技术。目前行业采用在线调和技术的企业较少，大多采用传统的油罐调和工艺。油罐调和工艺是将待调和的组分按规定比例送入调和罐内，再用泵循环等方法将油品混合均匀成最终产品。该工艺操作方法简单，但调和时间长、易氧化、油品和能源损耗大。采用油品在线调和技术，各组分可在自动化仪表控制下在管道中进行调和并混合均匀，可缩短调和时间、减少人工强度、提高油品调和精度，同时也大幅度减少了 VOCs 排放[101,102]。

（2）CCUS 技术

CCUS（二氧化碳捕集、利用与封存）技术是应对气候变化、大规模减少碳排放的关键技术之一。该技术可将炼制过程产生的二氧化碳捕集，并运输到特点地点加以利用或封存。国家及各行业碳减排文件中皆要求加快部署 CCUS 技术或有序推动该技术研发并实现产业化。到目前为止，齐鲁石化-胜利油田 CCUS 项目是国内最大的 CCUS 全产业链示范基地和标杆工程，每年可减排二氧化碳 100 万吨。实现 CCUS 技术的产业化应用是石油炼制行业减少碳排放的重要措施之一。

6.1.2.4　循环再生

循环再生一方面是指对石油炼制过程产生的资源能源进行循环利用，间接减少能源生产过程产生的碳排放；另一方面是指炼制过程产生或收集的碳可作为下游化工产品原料，实现碳的再生利用。

6.2　行业碳减排潜力

本节在分析各减排措施的现在及未来发展状况的基础上，筛选出最具操作性及可实现性的减排措施，为预测该行业碳排放情况提供数据基础。根据第 5 章石油炼制过程全生命周期环境影响评价结果，现场碳排放、电力热力的消耗、氢气的生产、

VOCs 的控制等是环境影响的主要贡献环节，因此该节减排措施预测着重放在以上环节。

6.2.1 原油加工量

未来原油加工量应根据历史增长趋势、目前在建项目规模及国家能源整体规划进行合理预测。在国家能源政策、环境政策及"双碳"政策等影响下，未来成品油的产出占比会出现一定程度的降低，天然气及化工产品占比会有所增加，煤炭的消耗量将会受到控制，鼓励非化石能源消耗量。目前非化石能源及可再生能源开发利用水平仍处于初级阶段，未来十年间，原油仍是能源供给市场的重要来源，加工规模仍处于增长阶段，但增速明显放缓。本书采用庞凌云等研究结果确定原油加工量，具体如表 6-1 所列。

表 6-1　炼油行业原油加工量预测

年份	原油加工量/10^4t	成品油收率/%
2025	76234	55
2030	85510	50
2035	85510	45

数据来源: 庞凌云, 翁慧, 常靖, 等.中国石化化工行业二氧化碳排放达峰路径研究[J].环境科学研究, 2022, 35（2）:12.

6.2.2 绿氢应用

氢能是一种来源丰富、清洁无碳、应用市场丰富的二次能源，正逐步成为全球能源转型发展的重要载体之一。目前我国氢能产业处于发展初期，氢能产业链包括上游的制氢、中游的储运及下游的应用三个环节，主要制氢方式包括以煤炭、天然气为代表的化石能源重整制氢，以焦炉煤气、氯碱尾气、丙烷脱氢为代表的工业副产氢，电解水制氢，生物质、光催化等其他方式产氢。根据制氢过程的碳排放强度，业界通常将氢气分为灰氢、蓝氢及绿氢，由第一种方式（化石能源重整制氢）产生的氢通常称为灰氢，化石能源产氢+碳捕获与封存（CCS）获取的氢可称为蓝氢，由可再生能源通过电解水等途径获得的氢为绿氢。氢能可应用于发电、交通燃料、化工原料（工业还原剂）、为工业供热等。

根据国家发展改革委、国家能源局等联合印发的《氢能产业发展中长期规划（2021—2035 年）》提出，到 2025 年，形成较为完善的氢能产业发展制度政策环境，初步建立以工业副产氢和可再生能源制氢就近利用为主的氢能供应体系，可再生能源制氢量达 10 万～20 万吨/年；到 2030 年，形成较为完备的清洁能源制氢及供应体系，可再生能源制氢广泛应用；到 2035 年，构建涵盖交通、储能、工业等领域的多元氢能应用生态，可再生能源制氢在终端能源消费中比重更明显提升。北京、天津、上海、山东、四川等省市发布的氢能产业发展规划中，结合自身资源禀赋，制定氢能供应体系，且大多应用于氢燃料电池汽车。根据中国氢能联盟预测，在 2030 年前碳达峰情境下，我国氢气在终端能源消费中占比约 5%；到 2060 年，在终端能源消费中占比约 20%。

氢能在石油炼制行业的潜在作用主要体现在两方面：一是作为原料，用于加氢裂解和加氢处理工艺，这也是炼油厂最大的用氢源。目前此部分氢主要来源于催化重整和乙烯裂解副产品，不足部分约占氢需求的 32%，主要采用蒸汽甲烷重整和煤炭制氢解决。二是取代化石燃料用于提供热量和蒸汽，目前热量及蒸汽大多采用炼厂气燃烧获取。催化重整等炼厂自身工业副产氢不太可能被低碳氢所取代，对于拥有低成本天然气资源的炼油厂而言，目前的蓝氢及绿氢技术相比甲烷重整制氢和煤炭制氢并不具有成本优势，故近期不会采用低碳氢取代化石燃料，低碳氢需实现更低的成本或更高的碳价才可能在燃烧领域具有竞争力。因此，对于石化行业而言制氢减碳可通过减少煤制氢、提高天然气制氢及可再生能源制氢比例实现。根据国家相关氢能规划，到 2030 年，我国对氢能的应用主要集中在氢燃料电池领域，2035 年可能在工业领域有所应用。若低碳政策加紧、碳价升高，为进一步脱碳，拥有碳捕集和储存技术及能力的企业可能会采用蓝氢减碳，部分地处绿电制氢优势区域的炼油企业可能会更早进入绿氢市场。

根据 2020 年中国氢能联盟提出的《低碳氢、清洁氢与可再生能源氢的标准与评价》（T/CAB 0078—2020），煤气化制氢、低碳氢及清洁氢的碳排放量分别为 29.02kg CO_2/kg H_2、14.51kg CO_2/kg H_2、4.9kg CO_2/kg H_2。中国炼油行业对氢气的需求根据加氢裂化和加氢精制装置占比确定，总需求的 32%通过额外制氢装置获取，加氢裂化、加氢精制类装置相对原料的耗氢比分别取值 2.5%、0.7%，通过调整制氢路线结构核算制氢过程碳减排量。炼油行业具体清洁氢占比预测如表 6-2 所列。

表 6-2　炼油行业清洁氢占比预测

年份	清洁氢占比/%	加氢裂化装置占比/%	加氢精制装置占比/%
2025	2	15	49
2030	5	20	54
2035	20	20	54
2060	80	20	54

6.2.3　装置结构

根据《工业领域碳达峰实施方案》，2025 年新建炼化一体化项目产品油产量占原油加工量比例降至 40%以下。因此炼化行业整体装置结构呈现"减油增化"的趋势。对于石油炼制企业内部，随着"双碳"、环保压力及油品质量标准的不断加严，油品精制装置将进一步提升，如加氢裂化、加氢精制等装置；而催化裂化、延迟焦化等装置加工能力总体限制增加此类生产能力，原油直接裂解制乙烯装置比例会大幅度增加。油品精制类装置的增加导致氢气的需求量加大，制氢装置规模占比也将呈现一定的增长趋势。

6.2.4　能源结构

目前炼油企业化石燃料主要包括燃料气、燃料油、石油焦、电力热力等，部分企业自备燃煤电厂。

（1）节能降耗潜力

从炼油装置结构变化来看，全厂耗能较大的催化裂化、延迟焦化、连续重整等装置占一次加工能力比例呈下降趋势，而能耗较小的加氢类装置占比提高，总体会降低产业能耗水平；另外，通过优化提高耗电设备能效及加热炉热效率、全厂能源系统优化、技术创新等方式也可实现能耗一定程度的降低。《炼油行业节能降碳改造升级实施指南》指出相比 2020 年，2025 年能效标准水平以上产能占比将由 25%提升到 30%，低于基准水平约 20%的产能将加快退出。对炼油行业能耗变化预测如表 6-3 所列。

表 6-3　炼油行业能耗预测

年份	高于标杆产能占比/%	低于基准产能占比/%	其他占比/%
2025	30	15	55
2030	35	10	55

年份	高于标杆产能占比/%	低于基准产能占比/%	其他占比/%
2035	40	5	55
2060	60	0	40

（2）电力结构

目前炼油厂电力主要来源于当地电网供电、催化裂化等装置热量回收过程发电及自备电厂发电。《"十四五"可再生能源发展规划》指出，2025年可再生能源发电量将达到3.3万亿千瓦时；《"十四五"现代能源体系规划》提出，到2025年，非化石能源发电量比重将达到39%左右。根据《中国2030年能源电力发展规划研究及2060年展望》预测的炼油行业外购电力结构变化如表6-4所列。其中绿电主要指风电、光电、核电、氢电、水电等，火电指煤电、气电、生物质及其发电。

表6-4　炼油行业外购电力结构变化预测

年份	绿电占比/%	火电占比/%
2025	55	45
2030	65	35
2050	89	11
2060	94	6

6.2.5　末端治理

（1）CCUS技术发展预测

根据《中国二氧化碳捕集利用与封存（CCUS）年度报告（2021）——中国CCUS路径研究》，截至2021年，我国投运或建设中的CCUS示范项目约40个，捕集能力约300万吨/年，大多以石油、煤化工、电力行业小规模的捕集驱油示范为主，在石油炼制及化学工业方面的商业化应用较少。

二氧化碳捕集技术方面，燃烧前物理吸收法已实现商业化应用，燃烧后化学吸附法处于中试阶段，其他技术大多处于工业示范阶段。当前第一代捕集技术（燃烧后、燃烧前、富氧燃烧技术）已渐趋成熟，第二代捕集技术（新型膜分离、新型吸收技术等）处于实验室研发阶段，2035年有望大规模推广。输送技术方面，罐车及船舶运输技术已达商业化应用，管道输送尚处于中试阶段。二氧化碳利用与封存技术方面，主要利用方式包括地质利用封存、生物利用及化工利用三种方式。其中地浸采矿、强化石油开采（EOR）、强化咸水开采（EWR）技术已相对成熟；钢渣矿化、磷石膏矿化技术已达工业示范阶段，混凝土养护利用技术处于中试阶段；CO_2的化工利用方面已取得较大进展，重整制备合成气、合成甲醇、合成有机碳酸酯、合成可降解聚合物聚酯材料等技术已处于工业示范阶段；生物利用主要集中在微藻固定和气肥利用方面。

总体而言，我国在 CCUS 各环节均取得了显著进展，部分技术已经具备了商业化应用潜力。石化和化工行业是 CO_2 的主要利用行业，且该行业的大多碳源碳排放浓度较高，捕集能耗低、投资成本与运行维护成本低，有显著优势，但在碳捕集系统与化工利用系统的衔接方面还存在一定的技术瓶颈。目前该行业 CCUS 大多通过 CO_2-EOR 方式进行地质封存利用，并获取相关收益。该行业对 CCUS 技术的需求将于 2025 年大幅度增加，2030 年达到峰值，2035 年后，随着碳化工利用技术的成熟推广，行业内部的碳大多用于行业自身生产，内部消化，不再需要封存。《中国二氧化碳捕集利用与封存（CCUS）年度报告（2021）——中国 CCUS 路径研究》预测了石化和化工行业 CCUS 减碳需求情况，根据 2021 年炼油与化工行业碳排放比例核算炼油行业 CCUS 减碳需求。2021 年炼油占石化和化工行业总碳排放量的比例为0.23，该值来自石油和化学工业规划院统计数据。

炼油 CCUS 利用情况预测如表 6-5 所列。

表 6-5　炼油 CCUS 利用情况预测

年份	CCUS 推广情况	封存需求/（10^4t/a）	化工利用量/（10^4t/a）
2025	技术推广	115	—
2030	广泛部署	1150	—
2035	封存需求减少	690	—
2040～2060	内部消化利用	0	—

注：2025 年及 2030 年减排需求数据来源于《中国二氧化碳捕集利用与封存（CCUS）年度报告（2021）——中国 CCUS 路径研究》。

（2）VOCs 减排预测

《"十四五"节能减排综合工作方案》中指出，到 2025 年，挥发性有机物排放总量比 2020 年下降 10% 以上。目前石油炼制行业 VOCs 减排技术及相关标准规范已较为成熟，需要做的是进一步提高 VOCs 治理和监督力度及覆盖面。技术方面需要推广油品在线调和技术、密闭式循环冷却水系统工艺，我国目前少有炼油企业使用以上工艺，在国家 VOCs 标准未进一步加严的情况下，以上两项工艺的推广有一定的难度。故在今后较长时间内，石油炼制行业 VOCs 排放量变化不大。

6.3　行业碳达峰碳中和路径

根据以上分析，我国石油炼制行业碳减排预测曲线如图 6-2 所示（彩图见书后）。我国石油炼制行业在 2020~2030 年间碳排放量由于行业规模扩大有一定程度的增长，2030 年左右可达到峰值，2060 年行业整体碳排放量达 697 万吨，单位碳排放量下降至 0.01t CO_2/t 原油。在此过程中，CCUS 技术的发展对行业碳减排贡献最大，前期捕集碳主要用于原油驱油，后期通过碳化工利用技术的进步、炼油与化工的耦合可大幅度降低行业碳排放。绿电替代是行业实现碳达峰碳中和的第二大贡献因素，通过风电、光电、水电等清洁电力的大范围使用，减少电力热力带来的间接碳排放。能效提升对行业碳减排的贡献较小，约为 5%，目前石油炼制行业各装置生产工艺发展相对比较成熟，要实现能效的进一步提升难度较大，主要通过落后产能的淘汰、装置结构调整等宏观层面实现能效提升。清洁氢替代是行业碳减排的第三大贡献因素，前期我国氢能替代主要应用于交通行业，2035 年后深入工业层面。到 2060 年，由于电力结构中气电、生物质发电、制氢装置中煤及天然气制氢气仍会占有一定比例，所以预测 2060 年行业仍会产生部分碳排放，此部分碳排放可通过绿化、碳交易等方式削减，实现碳中和。

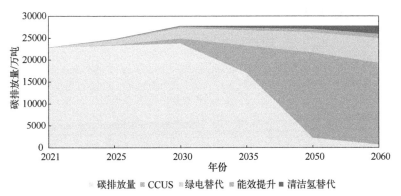

图6-2　石油炼制行业碳减排预测曲线

6.4　环境协同效应分析

　　根据图 6-2，对不同减碳措施带来的环境协同效应进行分析评价，其中绿电替代的协同效应基于火电环境效应确定，清洁氢替代的协同效应对比全国平均制氢效应确定，能效提升的协同效应基于炼厂气环境效应确定，CCUS 技术的主要目的是解决二氧化碳的排放，故本节暂不分析 CCUS 技术的环境协同环境效应，具体核算结果如图 6-3 所示（彩图见书后）。

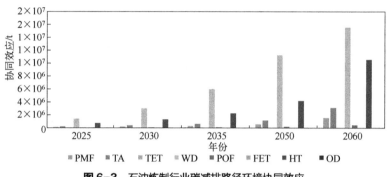

图6-3　石油炼制行业碳减排路径环境协同效应

　　由图 6-3 可知，在以上 8 种环境效应中，各减排措施可带来较为显著的水资源节约、人类毒性降低协同效应，陆地酸化和细颗粒物影响也会得到一定程度的缓解，后期也会产生部分光化学氧化协同减排效应。以上环境影响的主要贡献物质大多为大气污染物，而对于陆地生态毒性、淡水生态毒性方面影响较小，由此可知碳减排措施对大气质量改善有着较为显著的协同作用，同时对水资源、化石资源的节约方面有着重要的贡献作用。

第 7 章

主要结论与行业低碳展望

7.1 主要结论

针对目前石油炼制行业碳排放核算体系不够精准、无法核算无组织源碳排放、不能从根源解析环境影响关键环节的问题，本书通过综述石油炼制碳排放统计核算体系及环境影响评价研究进展，构建了以物料衡算-实测法为主的企业层面精准化过程碳排放核算体系，并从工业过程及排放类别角度构建了行业层面碳排放核算方法；采用排放类别核算方法对石油炼制行业碳排放特征、存在的问题进行了定性及定量研究，分析了石油炼制行业碳排放特征、减排措施及其产生的效果、存在问题及控制重点等；根据建立的碳排放核算方法建立了相应的工业过程层面的企业及行业碳排放统计体系；另外，采用生命周期评价方法，从工业过程层面对典型石油炼制企业的环境影响进行了量化评价，从源头解析关键影响环节，从环境影响的角度进一步识别行业减排重点；最后，根据企业行业层面碳排放特征及环境影响评价，结合国家行业相关碳减排政策，分析炼油行业的潜在减碳措施及应用前景预测，初步构建了行业实现"双碳"目标的路径，并分析评估其可能带来的环境协同效应，主要结论如下。

① 采用四层分级的方法对石油炼制过程碳排放源进行了识别并归类，建立了物料衡算-实测法的企业层面过程碳排放精准核算方法，并以我国中等规模炼油企业为案例进行了应用。案例应用核算结果表明：逸散源碳排放占全厂总碳排放的6.84%，非 CO_2 形式碳排放占总碳排放的 13.76%，可见逸散源及非 CO_2 形式碳排放不容忽视。将不同核算体系及方法与本书核算结果比较分析，结果表明，本书构建方法可以弥补目前碳排放核算体系存在的核算结果不精准、无法核算无组织碳排放的问题。

② 对行业碳排放特征及不同因素对碳增量的贡献进行定性及定量分析，结果表明：2000~2017 年，石油炼制行业碳排放量逐年增高，尚未到达拐点；2000~2017 年，行业碳排放系数呈现"先抑后扬"特征，规模化、集群化发展对碳减排有积极效果，产业链的延伸是行业碳排放系数"上扬"的原因。加工规模对碳增量的促进作用逐年降低，但仍是导致行业碳增量的主导因素；能源效率已成为继加工规模后的第二大促进碳排放的影响因素，开始起到促进碳排放的作用，目前提升能源效率

的手段已逐渐不能满足行业的发展需求,寻求更有效的能源效率提高途径迫在眉睫;能源结构及排放因子对碳增量的贡献相对较小,还需进一步挖掘其对碳减排的潜力。

③ 根据本书构建的企业行业层面工业过程碳排放核算方法,配套构建了工业过程碳排放数据统计框架,丰富和完善了石油炼制行业碳排放数据统计理论和方法。企业层面碳排放数据统计形式可包含企业内部碳排放台账及对外统计报表两种类型;碳排放台账用来记录企业内部碳排放核算所需的最原始数据,对外统计报表则主要用于提供行业层面碳排放核算所需数据。行业层面工业过程碳排放数据统计框架根据原料/流程/技术类别对各工业过程进一步分类,统计子类别下各工业过程行业层面的碳排放量、碳排放系数等信息。

④ 采用生命周期评价方法,从工业过程层面对典型石油炼制企业的环境影响进行了量化评价,结果表明:石油炼制过程对人类健康方面的影响更明显;对整个炼油企业来说,原油的开采生产过程是造成环境影响的主导因素;从工业过程层面来说,催化裂化、催化重整、常减压、柴油加氢、油品储存、循环冷却系统是造成石油炼制环境影响的主要过程;VOCs 的现场排放、炼厂气燃烧、电力热力的使用、辅剂的生产及使用、循环水的冷却及油料空冷和水冷过程是造成以上装置环境影响的四个关键环节,也是石油炼制行业今后控制的重点;根据综合环境影响评价结果,氢气的生产和使用是今后需重点关注的环节。

⑤ 根据企业及行业碳排放特征分析,及国家、地方、行业层面的相关碳减排政策,从源头减排、过程控制、末端治理、循环再生四方面提出炼油过程可能的碳减排措施;通过对原油加工量、绿氢应用、装置结构、能源结构、末端治理等减碳措施的应用前景预测,得到炼油行业碳减排曲线及路径,并从全生命周期角度评估该路径带来的环境协同效应,结果表明:我国炼油行业在 2020~2030 年间碳排放量由于规模扩大有一定程度的增长,2030 年左右可达到峰值,2060 年行业整体碳排放量达 697 万吨,单位碳排放量下降至 0.01t CO_2/t 原油;其中,CCUS 技术是碳减排的主要贡献因素,其次为绿电替代、清洁氢替代及能效提升;该路径在降碳的同时也具有较为显著的水资源节约、人类毒性降低、化石资源节约等环境协同效应,对陆地酸化、细颗粒物形成、光化学氧化也有一定的影响,碳减排措施的协同效应主要体现在大气环境质量改善方面,对水、土壤等生态系统影响不大。

7.2 行业发展趋势及低碳展望

7.2.1 行业发展趋势

① 产能持续增大。根据目前各炼油企业在建、拟建和规划项目情况测算，预计2030年国内炼油产能将超8亿吨。随着企业规模的不断扩大、原油进口权的放开等，炼油行业市场主体呈现多元化趋势。

② 成品油市场需求减缓。"十二五"期间，我国汽油和柴油增速总体呈下降趋势，2014年，我国汽油、柴油消费量分别为9776.37万吨、17165.3万吨，增速分别从2010年的11.56%、6.37%下降到2014年的4.37%、0.08%，下降明显，市场需求饱和。另外，车用替代燃料呈现规模化发展趋势，成品油的市场占比将有所降低，"减油增化"将成为未来行业产品结构的主要发展趋势。

③ 炼化一体化、规模大型化。根据我国对炼油产能结构的规划调整方案，炼化一体化、装置大型化企业产能占比将大幅度提高。2025年随着炼化一体化项目的集中投产，原油对外依存度将达到75%左右。

④ 原油劣质化、原料化。目前，世界范围内，含硫、高硫原油产量已占原油总含量的75%以上，今后含硫和高硫原油比例将进一步增加。据分析，世界原油平均硫含量将由2011年的1.15%提高到2035年的1.33%，原料劣质化明显。原油的消费未来仍会增长，但能源属性逐渐淡化，原料属性不断增强，长期来看，原油仍将是我国石化化工行业的主要原料。

⑤ 进一步推进高质量发展。炼油行业将进一步加快"由大做强"的转型升级，实现高质量发展。自改革开放40多年来，炼油行业进步明显，但结构失衡问题仍然存在，是行业转型升级的长期发展重点。一要进一步有序淘汰落后产能，严控增量，以先进产能置换落后产能，提高行业规模化水平；二要继续推进炼厂基地化、园区化建设，建设炼化一体化项目，实现资源能源的梯级高效利用，注重差异化、特色化发展；三要优化装置结构，提高低碳高效装置比例，加大炼油装置与化工装置的共生耦合；四要加快实施大气、水污染防治行动，实现节能减排，提高行业智能化、信息化水平，促进行业高质量发展。

⑥ 持续绿色低碳化发展。在国家环保标准日趋严格、碳达峰碳中和目标要求的

背景下，行业的绿色低碳化发展将是未来一段时间的发展重点。行业将从原料、生产工艺、低碳技术、生产结构、能源结构等方面进行全方位的低碳转化，以确保"双碳"目标的实现。另外，随着生活水平的提高，群众对环境保护日益关注，我国对油品质量要求日趋严格，车用汽油和柴油质量标准与世界水平趋向一致。

7.2.2　低碳展望

石油炼制行业是我国重要的能源生产与消耗行业，对我国能源安全有重要的影响。在全球缓解温室效应、实现碳达峰碳中和的背景下，如何有效实现行业的绿色低碳转型至关重要。目前，该行业各装置生产工艺及技术已相对成熟，在2030年前，主要通过宏观结构调整、能效的进一步提升来实现碳排放的降低，更多新的工艺、新的降碳技术（如CCUS、绿电、绿氢）在工业领域进行大范围应用的可能性较小。经过一定时期的发展，2030年以后，随着降碳技术的逐渐成熟，行业会实现碳排放的大幅度降低。石油炼制行业是一个相对复杂的行业，同时与上游原油的开采、下游化工行业的发展有着相对紧密的关联，而化工行业是产氢、用碳的主要行业之一，未来如何实现石油炼制与化工行业碳利用的有效衔接，从源头降低碳排放（即原料低碳化），是降低行业碳排放的关键，也是该行业降碳的研究重点。

同一产品采用不同原料加工过程碳排放强度差异明显。石化行业原料主要包括石油、煤炭、天然气等化石能源及磷、硫、钾等矿产，其中化石能源原料低碳化与我国宏观能源转型进程是一致的，即低碳替代高碳，可再生替代化石能源，是通过原料低碳化减少碳排放的重点。化石能源中石油主要用于生产成品油、三烯（乙烯、丙烯、丁二烯）、三苯（苯、甲苯、二甲苯）类产品，煤炭用于合成氨、甲醇、电石、烯烃、乙二醇、合成汽油等，天然气可用于生产合成氨、甲醇、乙炔等。对于炼油行业，若采用轻质原油加工则能耗低，但我国原油对外依存度高，且全球原油呈劣质化发展，原油品种选择余地不大，原油结构优化空间不大；"减油增化"的特征需要行业进一步延伸产业链条，对氢气的需求将进一步增大，原料低碳化路径主要通过调整制氢原料，如以天然气制氢、绿电制氢替代煤制氢等，天然气制氢碳排放强度为煤制氢的50%。另外，通过加氢炼油与烯烃、芳烃等副产氢装置的全厂氢平衡，提高副产氢气的利用效率，加大大型炼化一体化内部或石化基地跨企业的氢气共享，是近期实现原料低碳化的重要途径。

除原料低碳化外，还可通过对过程、产品的优化实现低碳化发展。过程低碳化主要通过流程再造实现，如通过优化装置工艺结构、采用新型催化剂优化反应过程、优化设备配置、能量系统集成等装置节能措施；通过自备热电节能减少电力、蒸汽等碳排放因子，降低间接碳排放；通过购买绿电等减少外购电力碳排放。产品低碳化是指通过改进终端产品的性能及与其应用场景的匹配性，提升终端产品的有效利用率，延长产品使用寿命，实现保持同等性能下减少化工产品的用量。

附 录

附录 1　生产装置、罐区及污水处理厂无组织 VOCs 主要物种信息

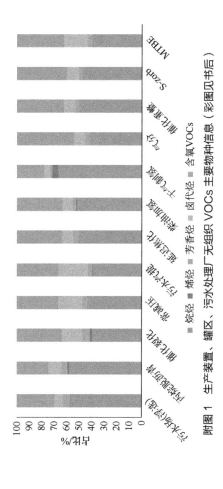

附图 1　生产装置、罐区、污水处理厂无组织 VOCs 主要物种信息（彩图见书后）

附表 1　不同影响因素带来的行业年均碳增量

年份	ΔQ/Mt	ΔT/Mt	ΔS_i/100kt	ΔC_i/10kt	年均碳增量/Mt
2000~2003	5.06	-1.95	-7.55	-7.44	2.28
2003~2012	10.1	-1.72	-1.89	-81.9	7.35
2012~2017	7.95	4.62	12.8	-15.9	13.7

附表 2　工业过程辅剂及污染物排放清单（基于功能单位）

单位：t

生产装置	辅剂消耗	固体废物排放	气体排放							
			PM$_{2.5}$	PM$_{10}$	NO$_x$	CO$_2$	SO$_2$	VOCs	CO	Ni
常减压	0.1975	—	0.0190	0.0198	0.1803	147.9930	0.0071	0.1437	—	—
催化重整	0.3045	0.1480	0.0134	0.0134	0.0611	154.5375	0.0055	0.3910	—	—
催化裂化	7.5095	4.2700	0.1155	0.1266	1.1617	1288.6916	0.6023	0.5341	141.7561	0.0300
延迟焦化	0.0201	—	0.0064	0.0064	0.0641	44.1285	0.0015	0.0451	—	—
柴油加氢	0.8201	0.0900	0.0054	0.0054	0.0529	35.8948	0.0012	0.2972	—	—
S-zorb	0.1402	0.0500	0.0014	0.0014	0.0112	13.7609	0.0004	—	—	—
硫黄回收	0.0900	—	0.0009	0.0009	0.0070	30.5988	0.0932	0.0180	0.1010	—
干气制氢	—	—	0.0004	0.0004	0.0038	23.1636	0.0006	0.0000	—	—
装运车间	—	—	—	—	—	—	—	0.1250	—	—
油品车间	2.1113	—	—	—	—	—	—	0.8150	—	—
污水厂	—	3.0100	—	—	—	—	—	0.0610	—	—
循环水	—	—	—	—	—	—	—	0.3300	—	—
双脱	0.8453	0.8000	—	—	—	—	—	0.1795	—	—
气体分离	0.2594	0.0100	—	—	—	—	—	0.1320	—	—
MTBE	—	0.0300	—	—	—	—	—	0.0425	—	—
动力站	9.1417	0.0900	—	—	—	—	—	—	—	—
污水汽提	0.6643	—	—	—	—	—	—	—	—	—
合计	22.1040	8.4980	0.1624	0.1743	1.5421	1738.7689	0.7119	3.1140	141.8571	—

附表 3　工业过程资源能源输入输出清单（基于功能单位）

生产装置	水资源输入输出/t					电耗/kW·h
	新鲜水	除盐水/除氧水/净化水/回用水	蒸气	冷凝水	废水	
常减压	0	1053.18	94.63	0	-785.67	66467.77
催化裂化	418.66	2418.35	-1290.95	-131.75	-815.1	26169.57
延迟焦化	0	121.22	157.5	0	-131.75	25236.94
S-zrob	0	0	32.94	-24.24	-0.67	17406.47
催化重整	0	381.04	206.82	-366.16	-2.17	143733.8
柴油加氢	0	289.59	184.92	-164.69	-268.18	90539.84
硫黄回收	0	165.53	-45.65	-64.54	-56.01	5573.18
气体分离	0	175.06	1.5	-1.5	0	28413.9
MTBE	0	133.26	40.63	-39.79	0	8507.16
干气液化气脱硫	0	68.72	193.45	-193.11	-68.05	6499.31
污水汽提	0	0	257.65	-257.65	0	4320.92
干气制氢	0	378.37	-71.9	-148.14	0	5715.48
动力车间	4763.48	-4375.91	-189.11	70.89	-238.09	8567.94
循环水厂	1587.05	1272.55	0	0	-1058.03	73449.79
油品车间	0	0	273.03	-185.76	0	23476.89
消防	658.26	0	0	0	0	
供排水	0	0	0	0	0	23177.86
合计	7427.45	2080.95	-154.54	-1506.46	-3423.72	5259.59

附表 4 工业过程各环境影响类别评价结果

生产装置	PMF /kg PM10eq	CC /kg CO2eq	OD /kg CFC-11eq	HT /kg1.4-DCBeq	POF /kg NMVOC	TA /kg SO2eq	FET /kg 1,4-DCBeq	TET /kg 1,4-DCBeq	FE /kg Peq
常减压	337.71	263173.93	0.68	14008.98	377.53	439.72	2.74	1.83	0.06
连续重整	731.09	472183.61	0.85	37861.54	496.69	1108.21	67.55	6.38	10.72
催化裂化	-1046.48	1114086.57	3.13	49884.21	1957.01	163.17	115.77	165.97	0.62
延迟焦化	88.53	63042.38	0.40	2517.14	132.00	243.14	1.45	0.23	0.03
柴油加氢	187.33	146560.91	0.97	26633.49	484.07	516.84	16.91	69.20	0.67
S-zorb	98.95	50711.87	0.11	4302.61	75.43	136.63	2.47	0.82	0.02
双脱	373.48	105906.70	0.24	8930.45	213.96	286.23	5.67	1.75	0.14
气体分离	54.43	40181.78	0.45	10398.46	144.86	105.38	1.22	1.74	0.01
MTBE	239.60	121334.90	0.14	4405.07	112.03	380.27	9.30	0.72	0.14
装卸油品	492.12	163414.30	3.90	103545.45	955.95	327.24	8.69	14.60	0.02
硫黄回收	-151.90	-38286.73	0.00	6.61	28.88	19.18	-0.72	-0.02	0.00
干气制氢	-2.50	116250.20	0.04	1093.00	13.00	13.00	0.18	0.18	0.39
污水气体	385.20	105020.21	0.00	350.75	23.72	224.92	1.89	0.05	0.00
动力站	-252.03	-90089.05	0.00	256.86	5.62	74.53	0.49	0.01	0.02
新鲜水厂	9.63	6293.09	0.00	62.49	2.35	19.28	0.08	0.00	0.00
除盐水站	15.69	9662.08	0.00	1146.60	3.61	26.48	0.41	2.24	0.01
污水厂	55.42	35854.42	0.68	2411.96	79.92	105.13	32.77	0.20	9.64
循环水厂	134.01	114837.94	2.41	25043.90	363.04	268.60	2.82	3.86	0.01
固体废物处理	12.69	7950.98	0.00	682.16	33.59	31.12	9.76	2.56	2.56

附表5 辅助生产系统对核心工业过程的环境影响分配比例

单位：%

生产装置	固体废物处理	新鲜水	除盐水	污水厂	循环水	污水汽提
常减压	—	—	8.14	9.80	2.32	24.66
催化裂化	71.93	6.16	69.08	9.31	55.59	39.86
延迟焦化	—	—	—	0.00	4.86	8.90
S-zrob	0.84	—	—	0.57	1.41	0.05
催化重整	2.49	0.00	11.34	8.54	10.26	0.15
柴油加氢	1.52	—	7.57	3.87	4.14	18.00
硫黄回收	—	—	—	1.51	1.99	3.78
气体分离	0.17	—	—	0.03	2.96	0.00
MTBE	0.51	—	—	0.93	2.08	0.00
干气、液化气脱硫	13.48	—	1.92	4.50	2.38	4.60
污水汽提	—	—	—	23.90	1.33	0.00
干气制氢	—	—	1.95	3.45	1.05	—
动力车间	1.52	70.06	—	3.90	9.53	—
油品车间	—	—	—	5.02	0.10	—
循环水厂	—	23.34	—	24.67	—	—
污水厂	7.55	0.44	—	—	—	—
合计	100.00	100.00	100	100.00	100.00	100.00

参 考 文 献

[1] Marland G, Boden T A, Andres R J. Global, regional, and national fossil fuel CO_2 emissions (1751-2004)（an update）. Trends A Compendium of Data on Global Change, 2000.

[2] 中华人民共和国. 中华人民共和国气候变化第三次国家信息通报[R]. 2018.

[3] 生态环境部. 2018 年中国生态环境状况公报[R]. 2018.

[4] Rodrigo de Abreu D, Fabiana Valeria da F. Evaluation of adsorbent and ion exchange resins for removal of organic matter from petroleum refinery wastewaters aiming to increase water reuse[J]. Journal of Environmental Management, 2018, 214: 362-369.

[5] Chen W H, Chen Z B, Yuan C S, et al. Investigating the differences between receptor and dispersion modeling for concentration prediction and health risk assessment of volatile organic compounds from petrochemical industrial complexes[J]. Journal of Environmental Management, 2016, 166: 440-449.

[6] Yao B, ROSS K, Zhu J J, et al. Opportunities to enhance non-carbon dioxide greenhouse gas mitigation in China. World Resources Institute, 2016: 1-40.

[7] IPCC. 1996 年 IPCC 国家温室气体清单指南[R]. 1996.

[8] IPCC. 2006 年 IPCC 国家温室气体清单指南[R]. 2006.

[9] 国家发展和改革委员会. 省级温室气体清单编制指南（试行）[R]. 2011.

[10] 国家质检总局, 国家标准委员会.《工业企业温室气体排放核算和报告通则》等 11 项国家标准[R]. 2015.

[11] 国家发展和改革委员会. 中国石油化工企业温室气体排放核算方法与报告指南[R]. 2014.

[12] WRI, WBCSD. The greenhouse gas protocol: A corporate accounting and reporting standard, revised edition[R]. 2004.

[13] 李煜, 李慧, 李颖. 炼厂温室气体排放核算研究[J]. 广州化工, 2014(19): 138-141.

[14] 张建华, 鞠晓峰. 基于 LMDI 的中国石化产业 CO_2 排放的解耦分析[J]. 湖南大学学报: 自然科学版, 2012, 39（10）: 98-102.

[15] 李雪静, 乔明, 潘元青, 等. 国外石化公司二氧化碳减排措施及对中国的启示[J]. 石油和化工节能, 2010（4）: 37-41.

[16] 戚雁俊. 基于碳交易的石化产业温室气体减排对策探究[J]. 石油化工技术与经济, 2010, 026（002）: 1-6.

[17] 李小鹏. 低碳经济下中国石化行业节能减排的实证研究[D]. 上海: 华东理工大学, 2011.

[18] 姜晔, 田涛. 碳排放约束下石油石化产业全要素能源效率研究[J]. 当代石油

石化，2011，019（11）：21-28.

[19] 骆瑞玲，范体军，李淑霞，等．我国石化行业碳排放权分配研究[J]．中国软科学，2014（2）：171-178.

[20] 马敬昆，蒋庆哲，宋昭峥，等．低碳经济视角下炼厂碳产业链的构建[J]．现代化工，2011，31（6）：1-5.

[21] 孟宪玲．炼厂二氧化碳排放估算与分析[J]．当代石油石化，2010，18（2）：13-16.

[22] 罗胜．石化行业碳排放强度估算与减排对策研究[D]．青岛：中国石油大学（华东），2011.

[23] 陈宏坤，田贺永，肖远牲，等．我国炼油行业碳排放估算与分析[J]．油气田环境保护，2012，022（006）：1-3.

[24] 牛亚群，董康银，姜洪殿，等．炼油企业碳排放估算模型及应用[J]．环境工程，2017，035（3）：163-167.

[25] 吴明，姜国强，贾冯睿，等．基于物质流和生命周期分析的石油行业碳排放[J]．资源科学，2018，40（6）：1287-1296.

[26] 宋铁君．中国石油石化行业碳排放波动与低碳策略研究[D].大庆：东北石油大学，2012.

[27] 沈浩．中国石化炼油企业能源效率研究[D]．长沙：中南大学，2013.

[28] 丁浩，代汝峰，姜娟娟．我国石化产业碳排放脱钩效应研究[J]．当代石油石化，2013（05）：18-22.

[29] 刘玲．我国石化行业温室气体排放变动分析及减排潜力研究[D]．青岛：中国石油大学（华东），2014.

[30] Xie X，Shao S，Lin B．Exploring the driving forces and mitigation pathways of CO_2 emissions in China's petroleum refining and coking industry：1995-2031[J]．Applied Energy，2016，184：1004-1015.

[31] 安铭．催化裂化装置用能优化及碳排放核算研究[D]．青岛：中国石油大学（华东），2017.

[32] 汪中华，于孟君．中国石化行业二氧化碳排放的影响因素分解：基于广义迪氏指数分解法[J]．科技管理研究，2019，39（24）：6.

[33] 李健．产业转移视角下京津冀石化产业碳排放因素分解与减排潜力分析[J]．环境科学研究，2020，33（2）：324-332.

[34] Zhang J，Smith R K，Ma Y，et al．Greenhouse gases and other airborne pollutants from household stoves in China：A database for emission factors[J]．Atmospheric Environment，2000，34：4537-4549.

[35] SINOPEC．Loss of bulk petroleum liquid products：GB 11085—89[S]．1989.

[36] NBPC．Design guideline for energy conservation of petroleum depots：SH/T

3002—2000[S]. 2000.

[37] USE. Emissions Estimation Protocol for Petroleum Refineries (Version 3) [R]. 2015.

[38] Liu M, Wang Y, Liu F, et al. Analysis on calculation methods for big breathing loss of floating roof tanks in petrochemical industry[J]. Environmental Protection of Chemical Industry, 2017, 37 (5): 587-591.

[39] 环境保护部. 石化行业 VOCs 污染源排查工作指南[R]. 2015.

[40] 宋然平, 朱晶晶, 侯萍, 等. 准确核算每一吨排放: 企业外购电力温室气体排放因子解析. 世界资源研究所, 2013.

[41] MEEC. Stationary source emission-determination of volatile organic compounds-sorbent adsorption and thermal desorption gas chromatography mass spectrometry method: HJ 734—2014[S]. 2014.

[42] 刘小平, 龙军, 曾宿主, 等. 炼厂二氧化碳排放研究[C]//中国化工学会 2011 年年会暨第四届全国石油和化工行业节能节水减排技术论坛论文集. 2011.

[43] Wei W, Lv Z, Yang G, et al. VOCs emission rate estimate for complicated industrial area source using an inverse-dispersion calculation method: A case study on a petroleum refinery in Northern China[J]. Environ Pollut, 2016, 218: 681-688.

[44] 刘昭. 炼化企业挥发性有机物 (VOCs) 排放量核算研究[D]. 青岛: 中国石油大学 (华东), 2016.

[45] 丁德武, 高少华, 朱亮, 等. 基于 LDAR 技术的炼油装置 VOCs 泄漏损失评估[J]. 油气储运, 2014, 33 (5) :515-518.

[46] 贺克斌. 城市大气污染物排放清单编制技术手册[M]. 北京: 科学出版社, 2017.

[47] European Environment Agency. EMEP/EEA air pollutant emission inventory guidebook 2019[R]. 2019.

[48] Wei W, Wang S, Chatani S, et al. Emission and speciation of non-methane volatile organic compounds from anthropogenic sources in China[J]. Atmospheric Environment, 2008, 42: 4976-4988.

[49] Zheng C, Shen J, Zhang Y, et al. Quantitative assessment of industrial VOC emissions in China: Historical trend, spatial distribution, uncertainties, and projection[J]. Atmospheric Environment, 2017, 150: 116-125.

[50] Han J, Forman G S, Elgowainy A, et al. A comparative assessment of resource efficiency in petroleum refining[J]. Fuel, 2015, 157: 292-298.

[51] Karras G. Combustion emissions from refining lower quality oil: What is the global warming potential?[J]. Environmental Science & Technology, 2010, 44 (24): 1748-1748.

［52］孙仁金，王琳旋，马杰．我国炼油企业能量利用策略研究［J］．中外能源，2010，15（2）：15-20.

［53］王建国．改变剂油比对催化裂化工艺的影响［J］．石油炼制与化工，1995(5)：22-25.

［54］马婷，朱凌辉，计伟，等．加氢蜡油的催化裂化试验研究［J］．炼油技术与工程，2017，47（12）：6-9.

［55］石磊，付强，张伟．催化裂化装置汽油烯烃含量增大的原因分析及对策措施［J］．石化技术与应用，2019（4）：269-271.

［56］徐春明，杨朝合，林世雄．石油炼制工程［M］．4版．北京：石油工业出版社，2009.

［57］李双平．催化裂化技术的最新资料［R］．2017.

［58］朱和，金云．我国炼油工业发展现状与趋势分析［J］．国际石油经济，2010（5）：15-22，102.

［59］李宇静，白颐，白雪松．我国炼油工业现状及"十二五"发展趋势分析［J］．化学工业，2010，28（10）：1-7.

［60］李雪静．全球炼化一体化发展新趋势［J］．中国石化，2019（7）．

［61］Ang B W. The LMDI approach to decomposition analysis: A practical guide［J］. Energy Policy, 2005, 33（7）：867-871.

［62］杨建新，王如松．生命周期评价的回顾与展望［J］．环境工程学报，1998(2)：21-28.

［63］钱宇，杨思宇，贾小平，等．能源和化工系统的全生命周期评价和可持续性研究［J］．化工学报，2013（1）：140-154.

［64］顾道金，朱颖心，谷立静．中国建筑环境影响的生命周期评价［J］．清华大学学报（自然科学版），2006，046（12）：1953-1956.

［65］张韦倩，杨天翔，陈雅敏，等．基于生命周期评价的城市固体废弃物处理模式研究进展［J］．环境科学与技术，2013，36（01）：69-73.

［66］唐佳丽，林高平，刘颖昊，等．生命周期评价在企业环境管理中的应用［J］．环境科学与管理，2008（03）：9-11.

［67］姜睿，王洪涛．中国水泥工业的生命周期评价［J］．化学工程与装备，2010（4）：186-190.

［68］陈伟强，万红艳，武娟妮，等．铝的生命周期评价与铝工业的环境影响［J］．轻金属，2009（5）：4-11.

［69］Jang J J , Song H H. Well-to-wheel analysis on greenhouse gas emission and energy use with petroleum-based fuels in Korea: Gasoline and diesel［J］. The International Journal of Life Cycle Assessment, 2015（20）：1102-1116.

［70］Khan M I. Comparative well-to-tank energy use and greenhouse gas assessment of natural gas as a transportation fuel in Pakistan［J］. Energy for Sustainable

Development, 2018, 43: 38-59.

[71] Rahman M M, Canter C, Kumar A. Well-to-wheel life cycle assessment of transportation fuels derived from different North American conventional crudes[J]. Applied Energy, 2015, 156: 159-173.

[72] Masnadi M S, El-Houjeiri H M, Schunack D, et al. Well-to-refinery emissions and net-energy analysis of China's crude-oil supply[J]. Nature Energy, 2018, 3: 220-226.

[73] Furuholt E. Life cycle assessment of gasoline and diesel[J]. Resources Conservation and Recycling, 1995, 14: 251-263.

[74] Restianti Y Y, Gheewala S H. Life cycle assessment of gasoline in Indonesia[J]. The International Journal of Life Cycle Assessment, 2012, (17): 402-408.

[75] Morales M, Gonzalez-Garcia S, Aroca G, et al. Life cycle assessment of gasoline production and use in Chile[J]. Science of the Total Environment, 2015, 505: 833-843.

[76] 申威, 张阿玲, 韩为建. 车用替代燃料能源消费和温室气体排放对比研究[J]. 天然气工业, 2006, (11): 26, 176-180.

[77] 张治山, 袁希钢. 玉米燃料乙醇生命周期净能量分析[J]. 环境科学, 2006, 027 (3): 437-441.

[78] 胡志远, 戴杜, 浦耿强, 等. 木薯燃料乙醇生命周期能源效率评价[J]. 上海交通大学学报, 2004 (10): 115-118.

[79] 邢爱华, 马捷, 张英皓, 等. 生物柴油环境影响的全生命周期评价[J]. 清华大学学报 (自然科学版), 2010 (6): 115-120.

[80] 刘宏, 王贺武, 侯之超, 等. 甲醇汽车和电动汽车的煤基燃料路径生命周期评价[J]. 交通节能与环保, 2007 (5): 27-32.

[81] Shao M, Zhang Y, Zeng L, et al. Ground-level ozone in the Pearl River Delta and the roles of VOC and NO_x in its production[J]. Journal of Environmental Management, 2009, 90 (1): 512-518.

[82] Shao M, Lu S, Liu Y, et al. Volatile organic compounds measured in summer in Beijing and their role in ground-level ozone formation[J]. Journal of Geophysical Research-Atmospheres, 2009, 114 (D2): 1-13.

[83] Yuan B, Hu W W, Shao M, et al. VOC emissions, evolutions and contributions to SOA formation at a receptor site in eastern China[J]. Atmospheric Chemistry and Physics, 2013, 13 (3): 8815-8832.

[84] Zhang Z, Yan X, Gao F, et al. Emission and health risk assessment of volatile organic compounds in various processes of a petroleum refinery in the Pearl River

Delta, China[J]. Environ Pollut, 2018 (238): 452-461.

[85] 陈丹. 珠三角某炼油厂装置区 VOCs 健康风险评价及不确定性研究 [D]. 广州：暨南大学，2017.

[86] 齐应欢. 石化行业挥发性有机物（VOCs）排放特征和环境影响分析[D]. 济南：山东大学，2018.

[87] Mo Z, Shao M, Lu S, et al. Process-specific emission characteristics of volatile organic compounds (VOCs) from petrochemical facilities in the Yangtze River Delta, China[J]. Sci Total Environ, 2015, 533: 422-431.

[88] ISO 14040. Environmental management—life cycle assessment—principles and framework[S]. London: British Standards Institution, 2006.

[89] 王长波，张力小，庞明月. 生命周期评价方法研究综述：兼论混合生命周期评价的发展与应用[J]. 自然资源学报，2015，030（7）：1232-1242.

[90] Goedkoop M, Heijungs R, Huijbregts M, et al. A life cycle impact assessment method which comprises harmonized category indicators at the mid-point and teh end-point level. Report I: Characterisation[M]. The Hague: Ministry of VROM, 2009.

[91] Sleeswijk A W, van Oers L F C M, Guinée J B, et al. Normalisation in product life cycle assessment: An LCA of the global and European economic systems in the year 2000[J]. Science of the Total Environment, 2008, 390: 227-240.

[92] 郭宏山. 炼油企业循环水系统理论分析[J]. 当代化工，2010，39（6）：686-688.

[93] 刘朝全，姜学峰. 2017 年国内外油气行业发展报告[M]. 北京：石油工业出版社，2018.

[94] 瞿国华. 炼化一体化两个重要发展阶段及其产业特征[J]. 当代石油石化，2008，16（8）：9-14.

[95] 杜星星，陈奇强，张鹏. 我国炼油化工一体化的进展[J]. 当代化工，2012（8）：62-63.

[96] 孙中田，曹豫新. 国内炼厂气制聚丙烯现状及发展探析[J]. 河南化工，2015（11）：10-13.

[97] 陈晓龙. 引进天然气的经济性分析[J]. 广东化工，2014，041（12）：106-107.

[98] 高琪. 炼厂气中碳四的提纯分离与利用[J]. 中国化工贸易，2018（12）：74.

[99] 国务院. 能源发展战略行动计划（2014—2020 年）[R]. 2014.

[100] 国家环境保护总局. 清洁生产标准 石油炼制业：HJ/T 125—2003[S]. 2003.

[101] 马逢源. 油品在线调和系统在哈尔滨石化的应用[J]. 经济技术协作信息，2011（26）：134-135.

[102] 崔巍，贾舒晨，周雪山，等. 柴油在线优化调和系统在广西石化的应用[J]. 计算机与应用化学，2013（11）：111-114.

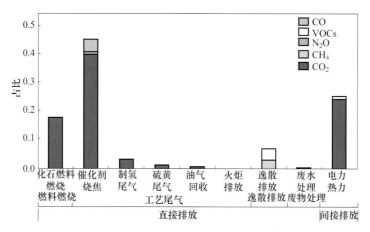

图 2-6　各类别碳排放占比

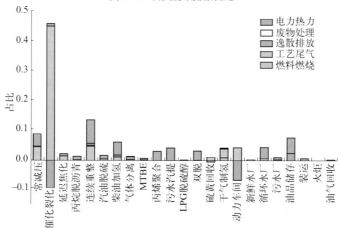

图 2-7　生产装置水平碳排放类别贡献

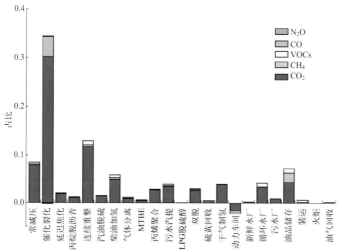

图 2-8　生产装置水平碳排放气体贡献

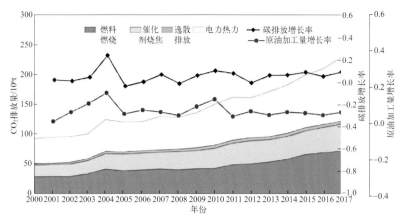

图3-1 2000～2017年石油炼制行业碳排放量及增长率图

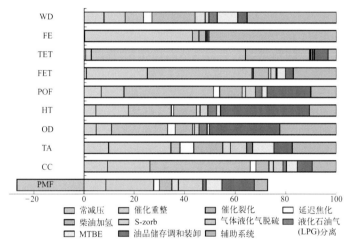

图5-3 各生产装置对主要环境影响类别的贡献情况

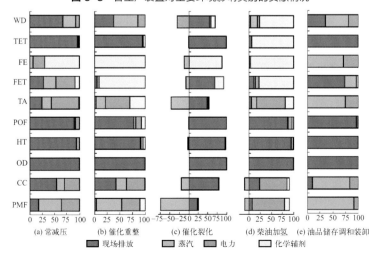

图5-4 主要生产装置的关键贡献因子

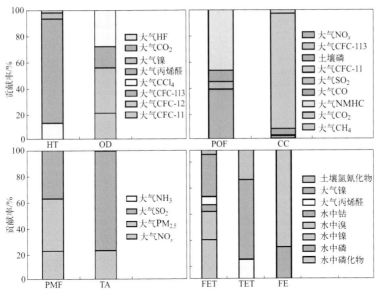

图 5-5 全厂环境影响的主要贡献物质

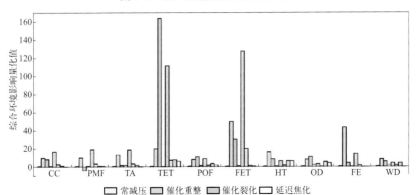

图 5-6 核心生产装置加工吨原料综合环境影响对比图

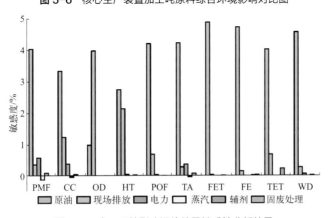

图 5-7 全厂环境影响评价结果敏感性分析结果

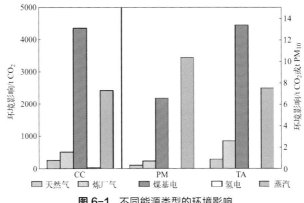

图 6-1　不同能源类型的环境影响

天然气 1631m³,炼厂气 1t,煤基电、氢电 3652kW·h,1.0MPa 蒸汽 10.8t

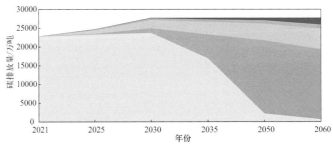

图 6-2　石油炼制行业碳减排预测曲线

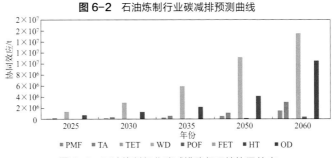

图 6-3　石油炼制行业碳减排路径环境协同效应

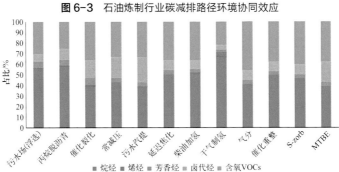

附图 1　生产装置、罐区、污水处理厂无组织 VOCs 主要物种信息